Das Kalantaroff-Giorgische Maßsystem

mit dimensioneller Kohärenz

für Mechanik, Elektromagnetik und Wärmelehre

von

Dr.-Ing. Eugen Bodea

München und Berlin 1943

Verlag von R. Oldenbourg

Druck und Einband von R. Oldenbourg, München
Printed in Germany

M a o r i c a,
meiner lieben Frau gewidmet

Geleitwort

Die Maßsystemfrage ist in der Elektromagnetik noch immer nicht völlig geklärt. Vielleicht liegt das bis zu einem gewissen Grad auch daran, daß die wesentlichen Punkte des Problems mangels ausführlicherer Arbeiten weiteren Kreisen gar nicht bekannt sind. Oft übersieht man auch, daß Einheiten- und Dimensionssysteme auseinandergehalten werden müssen; das bisher fehlende Bindeglied bildet die »dimensionelle Kohärenz«. Die vorliegende Schrift ist daher um so mehr zu begrüßen, als sie nicht nur die historische und neueste Entwicklung umfaßt, einschließend die 1935 von der I.E.C. angenommenen Giorgischen Einheiten, sondern noch eine wertvolle Erweiterung in dimensioneller Hinsicht enthält, die auch auf die Wärmelehre ausgedehnt wird. Die damit verbundene Berichtigung der Dimensionen in der Wärmelehre verdient größte Beachtung. Die außerordentliche Klarheit des vorgeschlagenen universellen Maßsystems, das aus der Verschmelzung des Kalantaroffschen $[L\,T\,Q\,\Phi]$-Dimensionssystems mit dem Giorgischen (m, kg, s, Ω)-Einheitensystem entstand, läßt den Wunsch aufkommen, daß es sich allgemein einbürgern möge, wozu die Schrift sicherlich einen ausschlaggebenden Anteil bringt.

Berlin, im April 1942.

G. Oberdorfer.

Vorwort

Die vorliegende Arbeit stellt im wesentlichen meine Dissertation an der Technischen Hochschule Berlin dar. Doch liegt ihre Fertigstellung bereits mehr als ein Jahr zurück. In der Zwischenzeit gelang es mir, noch einige Erkenntnisse zu erringen, darunter vornehmlich eine neue Beweisführung für die notwendige Beschränkung der Dimensions- und Einheiten-Beziehungen auf Potenzprodukte (die der Regel der dimensionellen Kohärenz zugrunde liegt) sowie für das allgemeine π-Theorem (das der Dimensionsanalysis und Ähnlichkeitslehre als Grundlage dient). Auch gelang mir eine weitere Ausdehnung der dimensionellen Analogien des Kalantaroffschen Systems zwischen den beiden Coulombschen Gesetzen und einer neuen Form des Newtonschen Gesetzes. Schließlich habe ich noch im Zusammenhang mit der Klarstellung der Dimensionen der Temperatur (die im Giorgischen Einheitensystem als spezifische Energie in Joule gemessen werden muß) und der Entropie (die sich als reiner Zahlenwert mit Wirkungsgrad-Charakter entpuppt), und bei der Elimination der Boltzmannschen Konstanten, auch eine Richtigstellung des Faktors 3/2 in den thermodynamischen und kinetischen Zustandsgleichungen durchführen können.

Zu besonderem Dank verpflichtet fühle ich mich Herrn Professor G. Oberdorfer, Herrn Dr.-Ing. habil. Kirschstein und Herrn Dr.-Ing. habil. Traustel für zahlreiche wertvolle Anregungen.

Auch dem Verlag spreche ich meinen besten Dank aus für die Mühe und Sorgfalt, mit der all diese Ergänzungen und Umstellungen des ursprünglichen Textes durchgeführt wurden.

Der Verfasser.

Inhaltsverzeichnis

Verzeichnis der Tabellen

I. Problemstellung

Das Streben nach mathematischer Formulierung ist der wesentlichste Charakterzug aller exakten Naturwissenschaften; denn nur aus Erscheinungen, die wir zahlenmäßig erfassen können, läßt sich ein festgefügtes Bild unseres Wissens über die gesetzmäßigen Zusammenhänge natürlicher oder künstlich hervorgerufener Naturvorgänge aufbauen. Diese Einsicht hat bereits Pythagoras vor mehr als 2000 Jahren ausgesprochen. Sie gilt vornehmlich für die Physik, wenn sich auch in anderen Wissenszweigen mit Vorteil mathematische, besonders statistische Betrachtungsweisen allmählich einzubürgern beginnen.

Nur solche Vorgänge lassen sich aber durch Zahlen ausdrücken, die man irgendwie messen kann.

Zahlen und mathematische Rechenmethoden einerseits,
Einheiten und experimentelle Meßmethoden andererseits bilden somit Werkzeuge, ohne die Physikern und Technikern eine wissenschaftliche Erkenntnis und eine praktische Verwertung der Naturgegebenheiten gar nicht möglich wäre.

In den Zahlwerten kommt der rein quantitative Inhalt physikalischer Vorgänge zum Ausdruck, während ihr qualitativer Sinne in den Einheiten verkörpert bleibt. Eine Zahlenwertgleichung ohne beigefügte Einheiten ist somit physikalisch sinnlos.

Die Entwicklung der reinen Mathematik, Zahlentheorie und Rechenregeln umfassend, konnte, da sie lediglich ein abstraktes Gerüst unseres logischen Denkens ist, der physikalischen Forschung oft weit vorauseilen, wenngleich nicht selten erst Fortschritte auf dem Gebiete der Physik zur Erfindung neuer Rechenmethoden und mathematischer Darstellungsmöglichkeit geführt haben, die dann ihrerseits auf die theoretische Physik klärend und anregend wirken konnten. Man denke etwa an das Gebiet der Vektoranalysis.

Auch die Meßmethoden der Experimentalphysik eilen fast stets dem tieferen mathematisch-physikalischen Durchdenken der Naturerscheinungen voran.

Der Aufbau der physikalischen Maßsysteme hingegen kann in keiner Weise den Fortschritten der Physik vorgreifen. Es liegt dies in der Natur der Sachlage selbst begründet. Denn, da die Einheiten selbst physikalische Größen sind, ist ihre methodische Zusammenfassung zu Maßsystemen an die vorerst zu ermittelnde Kenntnis der physikalischen Zusammenhänge zwischen den entsprechenden Größen gebunden. Da aber andererseits ohne eine vorausgehende Festlegung von Maßeinheit die physikalischen Vorgänge gar nicht quantitativ erfaßt werden könnten, und die experimentelle Ermittlung der gegenseitigen Abhängigkeit der einzelnen Größen überhaupt nicht durchführbar wäre, scheint man sich in einem »circulus vitiosus« zu bewegen. Erst nachdem man für ein bestimmtes Gebiet der Physik eine abschließende Theorie aufgestellt hat, kann man ein entsprechend wohlgefügtes Maßsystem aufbauen. Daher darf man sich nicht wundern, daß man gezwungen ist, von Zeit zu Zeit die Maßsysteme den Fortschritten der Physik anzupassen. Diese Schwierigkeit mag wohl der Hauptgrund sein, warum die Methodologie der Maßsysteme so sehr vernachlässigt wurde. Man begnügt sich gewöhnlich mit der Feststellung, daß das Messen ein Vergleichen von Größen gleicher Art mit einer frei herausgegriffenen Größe derselben Art ist, die man rein konventionell als Einheitsgröße wählt. Es seien demnach freiwillige, nur aus Bequemlichkeitsrücksichten entspringende Übereinkommen, durch die man einzelne Einheiten auf wenige ebenfalls frei gewählte Grundeinheiten zurückführe, und die an sich freien Einheiten zu Maßsystemen zusammenschließe. Weder mathematische, noch physikalische Gründe könnten, auf diesem zwischen Physik und Mathematik liegenden Grenzgebiet, unsere vollkommene Freiheit der Wahl der Einheiten irgendwie einschränken.

Es soll eines der Ziele dieser Arbeit sein, nachzuweisen, daß diese Anschauung unzutreffend ist.

Freie Einheiten sind allerdings rein konventionell festlegbar, aber es ergeben sich bereits aus der linearen Zuordnung zwischen physikalischen Größen und den entsprechenden Zahlenwerten feste mathematische Zuordnungen, die man im allgemeinen wenig beachtet. Man übersieht ferner oder bestreitet gar gewisse mathematisch-physikalische Bindungen, durch die unsere Freiheit in bezug auf Zahl und Wahl der Grundeinheiten und Zuordnung abgeleiteter Einheiten eingeschränkt wird.

Bei dem heutigen Stand der Methodologie der Maßsysteme darf man sich aber nicht wundern, daß gerade über die grundsätzlichen Fragen der »richtigen« Zahl und Wahl der Grundeinheiten noch erhebliche Meinungsverschiedenheiten herrschen. Heftige Kontroversen werden auch über das Wesen von Dimensionsformeln ausgefochten, deren Zusammenhang mit Maßeinheiten oft recht unklar bleibt. Eine genaue Definition der Kohärenz der Maßsysteme, d. h. der Regel, nach der aus den Grundeinheiten die abgeleiteten Einheiten zu bilden sind, wird meist stillschweigend vermieden. Scheinbar nebensächliche Dinge, wie der Unterschied zwischen dimensionslosen Umrechnungsfaktoren und dimensionsbehafteten Konstanten führen nicht selten zu recht unangenehmen Mißverständnissen.

Diese und ähnliche Unklarheiten wollen wir durch nähere Untersuchung der mathematischen und physikalischen Grundlagen der Methodologie der Maßsysteme zu beheben versuchen.

Daraus folgt als Problem, dessen Lösung in dieser Arbeit in Angriff genommen wird, die allgemeinen Grundlagen für den Aufbau von Maßsystemen festzulegen und unter möglichst weitgehender Berücksichtigung der bereits eingebürgerten Systeme ein praktisches, dem heutigen Stand von Physik und Technik gleichermaßen angepaßtes Maßsystem zu entwickeln.

Von vornherein lassen sich 4 allgemeine Forderungen aufstellen, die von jedem Maßsystem erfüllt werden müssen, welches Anspruch erhebt, ein für Wissenschaft und Technik gleichermaßen bequemes Werkzeug zu sein.

A. Für den wissenschaftlichen Gebrauch wünschenswert ist die Erfüllung zweier Forderungen:

1. Die Forderung der universellen Kohärenz, d. h. es soll durch ein einziges, in sich zusammenhängendes »kohärentes« Maßsystem der gesamte Bau der Physik, den wir als ein Ganzes empfinden, zahlenmäßig erfaßbar werden. Heute verwendet man hingegen für Mechanik, Elektromagnetik und Wärmelehre im allgemeinen verschiedene Maßsysteme.

2. Die Forderung der klaren Dimensionsformeln, d. h. es sollen die Grunddimensionen des Systems ihrer Art nach so gewählt werden, daß sich für alle physikalischen Größen möglichst einfache und übersichtliche Dimensionsformeln ergeben. Gegen diese Forderung verstoßen bekanntlich vor allem die elektrischen und magnetischen C.G.S.-Systeme; aber auch das von der I.E.C. seit 1935 offiziell eingeführte Giorgische M.K.S.O.-System [1] weist unbequeme Dimensionsformeln mit gebrochenen Exponenten auf.

B. Vom praktischen Standpunkt ist es wichtig, zwei weitere Forderungen zu erfüllen:

3. Die Forderung der handlichen Einheiten, d. h. es sollen die Grundeinheiten ihrer Größe nach so gewählt werden, daß sich möglichst für alle physikalischen Größen handliche abgeleitete Einheiten ergeben, und für die in der Technik und Experimentalphysik am häufigsten auftretenden Größenordnungen Zahlenwerte mit möglichst kleinen Zehnerpotenzen auftreten.

Diese Forderung erfüllen die üblichen technischen Maßsysteme und besonders das Giorgische System bekanntlich weit besser als die wissenschaftlichen C.G.S.-Systeme.

---

[1] Siehe Literaturangaben.

4. Die Forderung der internationalen Geltung, d. h. es sollen — soweit dies möglich ist — nur solche Einheiten, die sich bereits eines hohen Gebrauchswertes erfreuen, zu einem Maßsystem zusammengefaßt werden, das gleichzeitig auch die Bedingungen 1., 2. und 3. erfüllen soll; dieses System soll dann als einziges, universelles, in Physik und Technik zu verwendendes Maßsystem zwischenstaatlich festgelegt werden.

II. Allgemeine Beziehungen zwischen physikalischen Größen, Dimensionen und Einheiten

Jede physikalische Größe hat bekanntlich zwei zusammengehörige Eigenschaften: eine quantitative Ausdehnung und eine qualitative Wesensart. Bei der Messung physikalischer Größen erfolgt aber eine Trennung dieser beiden Eigenschaften: In den zur Ausdehnungsbestimmung frei gewählten wesensgleichen Vergleichsgrößen, deren eigener Ausdehnung man den Wert 1 beizulegen übereinkommt, und die man Maßeinheiten nennt, bleibt die eigentliche qualitative Wesensart der betreffenden Größengruppe verkörpert; der durch Vergleich mit der Einheit ermittelte Zahlenwert, die Maßzahl verkörpert hingegen bloß die quantitative Ausdehnung, ohne etwas über die Wesensart der gemessenen Größe aussagen zu können.

Hieraus folgt die grundlegende Gleichung:

$$G = G_n\,[G] \qquad (1)$$

Physik. Größe = Zahlenwert × freigewählte Einheit.

Wie in dieser Gleichung, wollen wir auch im folgenden physikalische Größen durch Buchstaben ohne Index, die entsprechenden, ihrer Ausdehnung nach frei wählbaren, also unbestimmt bleibenden allgemeinen Einheiten mit denselben Buchstaben in eckigen Klammern, und die daraus folgenden, von der Wahl der Einheit abhängigen reinen Zahlenwerte, ebenfalls durch die gleichen Buchstaben, jedoch mit dem Index n (numerus) bezeichnen.

Das in Gleichung (1) zum Ausdruck kommende Verfahren ermöglicht es, einer Reihe wesensgleicher physikalischer Größen eine Reihe reiner Zahlen zuzuordnen und bildet somit die allgemeine Grundlage für die mathematische Darstellung physikalischer Vorgänge und für die Anwendung rein mathematischer Rechenregeln.

Ausdrücklich sei hervorgehoben, daß man prinzipiell für jede physikalische Größengruppe eine wesensgleiche Einheit frei wählen kann, so daß es zunächst den Anschein hat, als sei die Wahl der Einheiten gar kein mathematisch-physikalisches Problem, sondern lediglich eine rein konventionelle Angelegenheit, und die Festlegung spezieller Einheiten bloß eine Frage der Bequemlichkeit.

Es soll jedoch im folgenden gezeigt werden, daß dennoch mathematisch-physikalische Gründe zu einer wesentlichen Einschränkung dieser Freiheit führen und für die Verwendung von »kohärenten Maßsystemen« an Stelle »freier Einheiten« sprechen.

Die erste Frage, die sich aufdrängt, ist die folgende:

1. Lassen sich ohne Bedenken allen physikalischen Größen streng eindeutig bestimmbare Einheiten zuordnen?

Daß diese Frage nicht müßig ist und nicht ohne weiteres bejaht werden kann, erkennt man an den Bedenken, die z. B. gegen die Definition der Temperatureinheit als »$^1/_{100}$ des Temperaturintervalls zwischen Siede- und Gefrierpunkt des Wassers« von namhaften Physikern (z. B. von Chwolson u. a.) ausgesprochen wurden.

In der Tat lassen sich die physikalischen Größen gerade in bezug auf die Bedingungen, die man zur eindeutigen und genauen Festlegung ihrer Einheiten erfüllen muß, in mehrere Klassen einreihen. Eine solche Einreihung enthält die unter Anlehnung an Busemann [8] aufgestellte Tabelle I.

Die meisten physikalischen Größen gehören der 1. Klasse der »Quantitäten« an; für sie lassen sich Einheiten eindeutig, d. h. durch Festlegung eines einzigen, die Ausdehnung begrenzenden Elementes bestimmen, da für jede dieser Größen ein absoluter Nullwert besteht. Das einfachste Beispiel einer Größe dieser Klasse ist eine Strecke bzw. eine beliebige Längeneinheit.

Auch die Größen der 0. Klasse der »Zahlenwerte« bieten gar keine Schwierigkeiten, da ihre Messung zu absoluten Zahlen führt, d. h. von der Wahl der entsprechenden (im allgemeinen der Klasse der Quantitäten angehörigen) Einheiten unabhängig ist. Man erhält z. B. ein absolutes Maß für einen ebenen Winkel durch Division der Maßzahl des zugehörigen Kreisabschnittes — den man mit einer beliebigen Längeneinheit messen kann — durch den entsprechenden Radius — sofern dieser mit der gleichen Einheit gemessen wird. Alle derartigen physikalischen Zahlenwerte können jedoch nicht als reine Zahlen angesehen werden, sie sind vielmehr physikalische Größen mit einer Dimension nullter Potenz. Z. B. ergibt sich als Dimension des ebenen Winkels $[L]^0$, als Dimension des räumlichen Winkels $[L^2]^0$, als Dimension eines energetischen Wirkungsgrades $[ML^2T^{-2}]^0$ usw.

Die Größen der 2. Klasse der »Potentiale« hingegen erfordern zur Festlegung ihrer Einheiten zwei voneinander unabhängige Elemente bzw. Festpunkte, da für Potentiale der Nullpunkt nicht festliegt. Jedoch rücken Potentialdifferenzen bereits in die Klasse der Quantitäten hinüber, so daß auch für Potentiale ohne Bedenken eine beliebige Potentialdifferenz als eindeutige Einheit gewählt werden kann.

Schwierigkeiten bieten jedoch alle übrigen Klassen von Größen. Z. B. muß man bei der Festlegung von photometrischen Einheiten auch auf physiologische Eigentümlichkeiten des menschlichen Auges Rücksicht nehmen, die eine streng eindeutige Festlegung von Einheiten erst auf Umwegen erlauben, worauf wir später noch näher zu sprechen kommen werden. Auch die thermodynamischen Größen der Temperatur und Entropie lassen sich — streng genommen — nicht als reine Potentiale oder gar als Quantitäten auffassen, denn man muß z. B. zur Festlegung der Celsius-Skala außer den beiden Festpunkten 0^0 und 100^0 noch eine weitere Annahme über die Unterteilung dieses Intervalls hinzufügen, wie etwa die, daß Proportionalität zwischen Temperatur und der linearen Ausdehnung von Quecksilber besteht. In solchen Annahmen liegt aber eine derartige Willkür, daß man — streng genommen — Größen, wie die Temperatur, nur in die Klasse der Qualitäten einreihen kann, weil ihnen außer rein quantitativ erfaßbaren noch qualitative Eigenschaften anhaften, so daß eine genaue lineare Zuordnung von Zahlen und Größen nicht verbürgt erscheint.

Im folgenden wollen wir uns daher vorläufig auf die Betrachtung von Größen und Einheiten der Klassen 0 bis 2 beschränken. Es lassen sich aber unter Umständen auch Größen, die außerhalb der Klassen 0 bis 2 liegen, durch neue physikalische Einsichten in diese Klassen überführen. Eines der Ziele dieser Arbeit ist, eine solche Überführung in der Thermodynamik durchzuführen, wobei sich zeigen wird, daß sich die Temperatur in die Klasse der Quantitäten — die Klasse der Potentiale überspringend — und die Entropie sogar in die Klasse der Zahlenwerte — beide Klassen der Potentiale und Quantitäten überspringend — einreihen lassen.

Es taucht nunmehr eine zweite Frage auf:

2. Ist die streng lineare Zuordnung von Größen und Zahlenwerten, die in Gleichung (1) zum Ausdruck kommt, die einzig mögliche?

Selbstverständlich ist sie es nicht; denn man könnte ebensogut irgendeine andere Art der Zuordnung anwenden, z. B. eine logarithmische. Die lineare Zuordnung verdient aber besonderen Vorzug, weil sie der Forderung der Bequemlichkeiten am besten gerecht wird.

Es gibt jedoch außerdem einen rein mathematischen Grund zugunsten der linearen Zuordnung, auf den u. a. Bridgman [8] hingewiesen hat. Betrachtet man nämlich zwei wesensgleiche physikalische Größen G' und G'' und mißt man beide mit der gleichen, aber beliebigen Einheit $[G_1]$ oder $[G_2]$ usw., so folgt aus Gl. (1):

$$G' = G'_{n1}\,[G_1] = G'_{n2}\,[G_2]\ldots$$

und

$$G'' = G''_{n1}\,[G_1] = G''_{n2}\,[G_2]\ldots,$$

daraus ergibt sich durch Division, wobei $[G_1]$, $[G_2]$... fortfallen

$$\frac{G'}{G''} = \frac{G'_{n1}}{G''_{n1}} = \frac{G'_{n2}}{G''_{n2}} \quad \ldots \ldots \ldots \ldots \quad (2)$$

Die lineare Zuordnung der Gleichung (1) führt somit zu der Möglichkeit, das Verhältnis zweier wesensgleicher Größen durch eine absolute, d. h. von der Wahl der verwendeten Maßeinheit unabhängige Zahl auszudrücken. Mit anderen Worten, es läßt sich durch die lineare Zuordnung auch die Forderung nach dem absoluten Wert von Größenverhältnissen erfüllen. Die Logik dieser Forderung ist einleuchtend, da ja das Verhältnis zweier wesensgleicher Größen durch die Wahl der Maßeinheit nicht beeinflußt werden kann; jedoch würde diese Forderung z. B. bei einer logarithmischen Zuordnung zwischen Maßzahlen und Einheiten nicht erfüllt werden können.

Eine dritte Frage ist:

3. Genügt in allen Fällen das durch Gleichung (1) festgelegte Verfahren, um physikalische Größen durch Maßzahlen mathematisch erfassen zu können?

Auch diese Frage muß verneint werden.

Bekanntlich genügt dieses Verfahren nur für skalare Größen. Für vektorielle Größen sowie für Tensoren, sofern deren Elemente selbst Vektoren sind, genügen jedoch die Wahl einer Einheit und die durch (1) gegebene Zuordnung bloß, um ihren »absoluten« Zahlenwert zu erfassen. Um jedoch auch die Richtung von Vektoren durch Zahlen zu erfassen bzw. um wesensgleiche Vektoren zueinander in mathematische Beziehungen bringen zu können, ist es erforderlich, außerdem noch ein Koordinatensystem einzuführen und festzulegen.

Soll ein Maßsystem somit die Forderung der Universalität erfüllen können, so muß man nicht nur für jede Größe eine Einheit, sondern außerdem noch ein gemeinsames Koordinatensystem wählen. Die Wahl des Koordinatensystems ist an und für sich ebenso frei wie die Wahl der einzelnen Einheiten, jedoch zieht man meistens ein orthogonales Koordinatensystem aus Bequemlichkeitsgründen vor. Es darf außerdem nicht übersehen werden, daß zwischen der Wahl eines Koordinatensystems und der Wahl der geometrischen Einheiten von Fläche und Volumen eine logische Verknüpfung besteht: Wählt man orthogonale Koordinaten, so ist es logisch, Quadrat und Kubus als Flächen- und Volumeneinheiten zu wählen, wählt man hingegen sphärische Koordinaten, so sollte man Kreis und Kugel als Einheitsflächen und -volumen wählen.

Auf diese Zuordnung werden wir bei der Aufstellung einer allgemeinen Kohärenzregel noch einmal zu sprechen kommen.

Diese drei soeben erörterten Gründe führen zu der Einsicht, daß man zwar vorerst noch frei ist, für jede Größe eine beliebige Einheit zu wählen, die von den Einheiten der übrigen Größen ganz unabhängig sein kann; jedoch muß man, um eindeutig messen zu können, bereits 2 Übereinkommen treffen, die für alle Einheiten bindend bleiben müssen:

I. Man muß ein für alle Einheiten gültiges Zuordnungsprinzip zwischen Größen und Zahlenwerten festlegen: Aus dem unter 2. besprochenen Grunde wollen wir alle unsere weiteren Betrachtungen auf Einheitssysteme beschränken, die das Prinzip der linearen Zuordnung zwischen Größen und Zahlenwerten streng erfüllen.

II. Man muß ein für alle Größen und Einheiten gemeinsames Koordinatensystem einführen: Bequemlichkeitsgründe sprechen für die Annahme eines orthogonalen Koordinatensystems.

Unter diesen Voraussetzungen lassen sich bereits für alle »freien Einheiten« zwei grundlegende Eigenschaften ableiten:

A. Die Umrechnung der mit verschiedenen Einheiten ermittelten Zahlenwerte ein und derselben Größe erfolgt bei Erfüllung von (1) durch Umrechnungsfaktoren, welche nur reine Zahlen sein können und im umgekehrten Verhältnis zu den Proportionalitätsfaktoren der entsprechenden Einheiten stehen.

Denn aus:

$$G = G_{n1}[G_1] = G_{n2}[G_2]$$

folgt:

$$\frac{G_{n1}}{G_{n2}} = \frac{[G_2]}{[G_1]} \qquad (3)$$

Ist der Proportionalitätsfaktor:

$$\frac{[G_1]}{[G_2]} = x, \qquad (4)$$

d. h. die Einheit $[G_1]$ $x$mal größer als die Einheit $[G_2]$, so ergibt sich als Umrechnungsfaktor:

$$\frac{G_{n1}}{G_{n2}} = \frac{[G_2]}{[G_1]} = \frac{1}{x}, \qquad (5)$$

d. h. die Maßzahl G_{n1} wird $x$mal kleiner als die Maßzahl G_{n2}.

So einfach und einleuchtend die Tatsache ist, daß sowohl die Proportionalitätsfaktoren x als auch die Umrechnungsfaktoren $\frac{1}{x}$ nur reine Zahlen sein können, da das Verhältnis der beiden wesensgleichen Einheiten $\frac{[G_1]}{[G_2]}$ nur eine reine Zahl sein kann, wird dies doch noch oft unberücksichtigt gelassen; fälschlich wird z. B. oft behauptet im Verhältnis zwischen elektrostatischen und elektromagnetischen Einheiten träte die Lichtgeschwindigkeit (mit verschiedenen Potenzen behaftet) in Erscheinung, also keine reine Zahl, sondern eine physikalische Größe, was unhaltbar ist. (Näheres S. 36 u. 48, 49.)

B. Sofern sich gewisse Einheiten aus anderen, als Grundeinheiten gewählten, ableiten lassen, findet man bei Erfüllung von (1), daß die abgeleiteten Einheiten nur Potenzprodukte der Grundeinheiten sein können. Diese Behauptung wird durch die Erfahrung bestätigt. Man kann sie aber, wie Bridgman-Holl [8] gezeigt haben, auch beweisen. Dieser Beweis sei der Vollständigkeit halber hier (in etwas veränderter Form) wiedergegeben:

Angenommen, man wählt als Grundgrößen etwa L, T, M, ... und als zugehörige Grundeinheiten etwa $[L]$, $[T]$, $[M]$ ... Für irgendeine physikalische Größe G lasse sich deren Einheit $[G]$ aus den Einheiten $[L]$, $[T]$, $[M]$ ... irgendwie ableiten, was durch die Beziehung ausgedrückt werden soll:

$$\text{Abgeleitete Einheit } [G] = f([L],[T],[M]\ldots) \quad \ldots\ldots \quad (6)$$

Hält man nun bei einer Messung als Grundeinheiten $[L]$, $[T]$, $[M]$ ... fest, wählt aber bei einer zweiten Messung als Grundeinheiten $\frac{1}{x}[L]$, $\frac{1}{y}[T]$, $\frac{1}{z}[M]$ ... und mißt mit diesen Einheiten zwei verschiedene wesensgleiche Größen G_1 und G_2, so erhält man unter Berücksichtigung von (1), (2) und (5) als ihr von der Wahl der Einheiten unabhängiges Zahlenverhältnis

$$\frac{G_{n1}}{G_{n2}} = \frac{f(L_{n1}, T_{n1}, M_{n1}\ldots)}{f(L_{n2}, T_{n2}, M_{n2}\ldots)} = \frac{f(xL_{n1}, yT_{n1}, zM_{n1}\ldots)}{f(xL_{n2}, yT_{n2}, zM_{n2}\ldots)} \quad \ldots (7)$$

Hieraus folgt die Gleichung:

$$\frac{f(xL_{n1}, yT_{n1}, zM_{n1}\ldots)}{f(L_{n1}, T_{n1}, M_{n1}\ldots)} = \frac{f(xL_{n2}, yT_{n2}, zM_{n2})}{f(L_{n2}, T_{n2}, M_{n2}\ldots)} \quad \ldots (8)$$

so daß man eine allgemeine Funktion aufstellen kann:

$$\Phi(L_n, T_n, M_n \ldots x, y, z \ldots) = \frac{f(xL_n, yT_n, zM_n\ldots)}{f(L_n, T_n, M_n\ldots)} = \frac{G_{n\,(xL,\, yT,\, zM\ldots)}}{G_{n\,(L,\, T,\, M\ldots)}} \quad \ldots (9)$$

Diese Funktion kann nur linear sein, da doch sowohl in bezug auf die variablen Argumente xL_n, yT_n, zM_n, ... wie in bezug auf L_n, T_n, M_n, ... voraussetzungsgemäß das Prinzip der linearen Zuordnung erhalten bleiben soll. Daher müssen die partiellen Ableitungen nach xL_n, yT_n, zM_n, ... konstante Zahlenwerte ergeben.

Betrachtet man nun vorerst x allein als variabel und bezeichnet man die partielle Ableitung der Funktion f nach xL_n mit

$$f'_{xL} = \frac{\partial f}{\partial (x L_n)},$$

so erhält man die Gleichung:

$$\frac{\partial \Phi}{\partial x} = L_n \frac{f'_{xL}(x L_n, y T_n, z M_n \ldots)}{f(L_n, T_n, M_n \ldots)} = a \text{ (eine konstante Zahl)} \quad . \; . \quad (10)$$

Setzt man nunmehr alle Proportionalitätsfaktoren x, y, z gleich 1, d. h. geht man auf die ursprünglichen Einheiten zurück, so ergibt sich die Gleichung:

$$\frac{L_n}{f(L_n, T_n, M_n \ldots)} \frac{\partial f(L_n, T_n, M_n \ldots)}{\partial L_n} = a$$

oder

$$\frac{\partial f(L_n, T_n, M_n \ldots)}{f(L_n, T_n, M_n \ldots)} = a \frac{\partial L_n}{L_n} \quad . \; . \; . \; . \; . \; . \; . \; . \; . \; . \; . \quad (11)$$

Daraus folgt durch Integration, wenn man nunmehr L_n als variable betrachtet:

$$\left.\begin{aligned} &\ln c_1 f(L_n, T_n, M_n \ldots) = a \ln c_2 L_n \ldots = \ln c_2 L_n^a \ldots \\ \text{oder}\quad & \\ &G_n = f(L_n, T_n, M_n \ldots) = \frac{c_2}{c_1} L_n^a \ldots = C_L L_n^a \ldots \end{aligned}\right\} \quad . \; . \; . \quad (12)$$

Der Faktor C_L selbst muß eine Funktion der anderen Veränderlichen T_n, M_n, ... sein, wie leicht einzusehen ist.

Führt man denselben Gedankengang für y, z, ... durch, differenziert der Reihe nach partiell nach y, z, ... und integriert dann, so erhält man schließlich

$$f = C L_n^a T_n^b M_n^c \ldots, \quad . \; . \; . \; . \; . \; . \; . \; . \; . \quad (13)$$

wobei C, a, b, c, ... konstante rationale Zahlen sind.

Es muß also die Maßzahl jeder »abgeleiteten« Größe durch einen konstanten Zahlenfaktor multipliziert mit irgendwelchen Potenzen der Maßzahlen der entsprechenden »Grundgrößen« ausdrückbar sein. Berücksichtigt man nun noch die grundlegende Bindung zwischen Maßzahlen und Einheiten, die in der Gleichung $G = G_n [G]$ zum Ausdruck kommt, so ergibt sich als Konsequenz des Prinzips der linearen Zuordnung zwischen Größen und Maßzahlen, daß die gleiche Beziehung auch für die Größen selbst gelten muß. Daraus folgt letzten Endes als grundlegende

Beziehung zwischen Grundeinheiten $[L]$, $[T]$, $[M]$, ... und abgeleiteten Einheiten $[G]$

$$[G] = C\,[L^a]\,[T^b]\,[M^c]\ldots, \qquad (14)$$

Dieses Ergebnis besagt, daß abgeleitete Einheiten nur Potenzprodukte frei gewählter Grundeinheiten sein können.

C. Es lassen sich demnach stets allgemein gültige Beziehungen zwischen Grundeinheiten und abgeleiteten Einheiten in Form von Potenzprodukten aufstellen, ohne daß man den Wert, d. h. die quantitative Ausdehnung der Grundeinheiten selbst irgendwie festlegen muß.

Diese allgemeinen Beziehungen nennt man »Dimensionsformeln«. Es ist z. B. das Potenzprodukt $[ML^2\,T^{-2}]$ die Dimensionsformel der Energieeinheit, bezogen auf die frei wählbaren Grundeinheiten der Masse $[M]$, der Länge $[L]$, und der Zeit $[T]$. Da Einheiten selbst physikalische Größen sind, kann man auch noch allgemeiner sagen: $[ML^2\,T^{-2}]$ ist die »Dimension« der Energie, bezogen auf die Grundgrößen Masse M, Länge L und Zeit T.

Die Dimension einer jeden physikalischen Größe ist somit von der Wahl der Grundgrößen abhängig. Es liegt daher im Wesen der Dimensionen, daß ihnen kein absoluter, sondern nur ein relativer Sinn zukommt; in den Dimensionsformeln spiegeln sich nämlich nur die gesetzmäßigen Abhängigkeiten der physikalischen Größen untereinander symbolisch wider.

Durch diese allgemeine Feststellung erscheint das Wesen der Dimensionen und Dimensionsformeln eindeutig umgrenzt. Erwähnt sei nur noch, daß man ursprünglich lediglich die Exponenten der Potenzprodukte als Dimensionen bezeichnete. Es ist jedoch heute bereits allgemein üblich und eindeutig klar, die Bezugsgrößen samt Exponenten, also z. B. das ganze Potenzprodukt $[ML^2\,T^{-2}]$ als Dimension oder Dimensionsformel zu betrachten.

Es muß einem späteren Kapitel vorbehalten bleiben, die Zahl und Wahl der Grund-Größen, Grund-Dimensionen und Grund-Einheiten sowie das Ableitungsgesetz für die übrigen Einheiten, d. h. die Formulierung einer allgemeinen Kohärenzregel einer eingehenden Untersuchung zu unterziehen.

Vorerst wollen wir uns aber der geschichtlichen Entwicklung der wissenschaftlichen (C.G.S.)- und technischen (V, A, m, s)-Systeme zuwenden, um festzustellen, inwieweit die obigen allgemeinen Einsichten beim Aufbau der bislang üblichen Maßsysteme bereits berücksichtigt wurden. (Der eilige Leser kann jedoch das folgende Kapitel III zunächst auch überspringen.)

III. Rückblick auf die Entwicklung der Gauß-Weberschen C.G.S.-Systeme und des Giorgischen M.K.S.O.-Systems

Alle in Wissenschaft und Technik heute üblichen Maßsysteme erfüllen das Prinzip der linearen Zuordnung (1) und fußen auf dem »Metrischen Maßsystem«, das bekanntlich zur Zeit der Französischen Revolution, also vor etwa 150 Jahren entstand [2]. Mit dem Wunsche, auf dem Gebiet der Maße und Gewichte eine einheitliche und bleibende Ordnung zu schaffen, an Stelle der bis dahin ziemlich chaotischen Vielfältigkeit (die sich in den angelsächsischen Ländern bis auf den heutigen Tag in deren legalen Maß- und Gewichtssystemen widerspiegelt) erteilte die Assemblée Constituante durch ein Dekret im Jahre 1790 der französischen Akademie der Wissenschaften den Auftrag, »ein einziges und unabänderliches System von Maßen und Gewichten zu entwerfen«.

Auf Grund dieses Auftrages hat die französische Akademie der Wissenschaften nach einigen Jahren folgende Normen festgelegt:

1. Als erstes Grundprinzip wurde die Ableitung der Grundeinheiten aus naturgegebenen Größen gefordert und folgende Übereinkommen getroffen:

a) Als Einheit der Länge wurde $\frac{1}{10^7}$ des Erdquadranten gewählt und 1 Meter genannt; die Längeneinheit sollte also an eine Erdkonstante, die Meridianlänge gebunden werden.

Die zur genauen Festlegung der Länge des Meters erforderliche Erdquadrantenvermessung wurde in den Jahren 1792—99 von Michain und Delambre auf dem Meridianabschnitt von Dünkirchen bis Barcelona ausgeführt. Auf Grund dieser Messung wurde ein Urmeter aus Platin angefertigt und dem französischen Staatsarchiv zur Aufbewahrung übergeben.

b) Als Einheit des Gewichtes (unité de poids) wurde das Gewicht von 1 cm^3 chemisch reinem Wasser bei 4^0 C und normalem Luftdruck von 760 mm Hg festgesetzt und 1 Gramm genannt.

Der Sinn dieser Definition war, die Gewichtseinheit an $^1/_{100}$ der Längeneinheit und an eine zweite Naturkonstante, die größte Dichte, genauer die größte Wichte (das spezifische Gewicht) des Wassers, zu binden.

Unglücklicherweise wurde der Doppelsinn des Wortes Gewicht in keiner Weise beachtet; bekanntlich kann man aber Gewichte auf zweierlei Art verwenden:

α) Mittels der Tellerwaagen dienen Gewichte meist zur Wägung von Massen (im Gleichgewicht ist $G_1 = G_2 = m_1 g = m_2 g$ und die Erdbeschleunigung g fällt aus der Gleichung heraus);

β) Mittels der Federwaagen können sie hingegen nur zum Messen von Kräften dienen (denn im Gleichgewicht ist $P = G = mg$ und g fällt nicht weg), so daß der genaue Wert aller Gewichte als Kraftmesser von der Erdbeschleunigung, also von der geographischen Lage abhängig ist.

Die Physiker faßten später die Gewichtseinheit als Maßeinheit: Gramm-Masse auf, die Techniker hingegen als Krafteinheit: Gramm-Kraft. Die unangenehmen Folgen dieses Zwiespalts sind, bis auf den heutigen Tag spürbar, weshalb man neuerdings bestrebt ist die Bezeichnung Gramm nur für die Masseneinheit beizubehalten, für die entsprechende Krafteinheit hingegen den Namen pond einzuführen (1 pond = 9,81 gms^{-2}).

c) Als Einheiten der Zeit wurden stillschweigend die uralten nicht dezimalen Einheiten übernommen (die wohl chaldäischen Ursprungs sind):

$$1 \text{ Tag} = 24 \text{ Stunden} = 24 \cdot 60 \text{ Minuten} = 24 \cdot 60 \cdot 60 \text{ Sek.}$$

Genauer wird die Sekunde als der $^1/_{86400}$ste Teil des mittleren Sonnentages definiert, ist also ebenfalls an eine naturgegebene Größe gebunden.

2. Als zweites Grundprinzip wurde angenommen, daß alle anderen Einheiten auf Meter, Gramm und Sekunde zurückzuführen seien; jedoch wurde nicht festgelegt, wie diese Ableitung zu erfolgen habe. Auf die sich hieraus ergebenden Schwierigkeiten werden wir später ausführlich zu sprechen kommen.

3. Drittens wurde das Prinzip der dezimalen Vervielfachung und Unterteilung für alle Einheiten, mit Ausnahme der Zeiteinheiten, festgelegt.

Es braucht kaum hervorgehoben zu werden, daß die Durchführung dieses Prinzips einen wesentlichen Vorteil aller »metrischen« Systeme gegenüber den nicht dezimalen, z. B. den angelsächsischen Maßsystemen bildet.

Die damals festgelegten »Präfixe« für 10er-Vielfache und 10tel-Unterteilungen sind bekanntlich:

$$\text{Deca (D)} = 10, \text{ Hecto (H)} = 10^2, \text{ Kilo (K)} = 10^3, \text{ Mega (M)} = 10^6$$
$$\text{deci (d)} = 10^{-1}, \text{ centi (c)} = 10^{-2}, \text{ milli (m)} = 10^{-3}, \text{ micro } (\mu) \cdot 10^{-6}.$$

Der A.E.F. (Ausschuß für Einheiten und Formelgrößen) hat noch folgende Erweiterung eingeführt:

$$\text{Giga (G)} = 10^9, \quad \text{Tetra (T)} = 10^{12},$$
$$\text{nano (n)} = 10^{-9}, \quad \text{pico (p)} = 10^{-12}.$$

Man könnte auch allgemein als Präfixe Zahlenbezeichnungen wählen (in Anlehnung an einen Vorschlag des schwedischen I.E.C.-Ausschusses):

für positive 10er-Potenzen griechische in *a* auslaufende, z. B.

pentadyn = 10^5 dyn;

für negative 10er-Potenzen lateinische in *i* auslaufende, z. B.

cinquidyn = 10^{-5} dyn.

Das »dezimale Metersystem« mit m, g und s als Grundeinheiten wurde in Frankreich im Jahre 1797 gesetzlich eingeführt. Es trat aber erst im Jahre 1872 eine Internationale Diplomatische Konferenz zusammen, deren Beratungen zur Unterzeichnung des Internationalen Meterabkommens am 20. Mai 1875 führten, dem allmählich fast alle Staaten der Welt beitraten; im Britischen Reich, USA. und Irland ist das Meter-System jedoch bis auf den heutigen Tag bloß fakultativ zugelassen.

Auf Grund des Meter-Abkommens wurde der Internationale Ausschuß für Maße und Gewichte (C.I.P.M., Commité International des Poids et Mesures) mit dem Sitz in Sèvres (bei Paris) ins Leben gerufen und mit der Anfertigung und Aufbewahrung von Urmaßen beauftragt.

Dieser Ausschuß ließ für Meter und Kilogramm (statt Gramm) je ein Urmaß aus Iridium-Platin herstellen; diese wurden im Jahre 1889 von einer Allgemeinen Konferenz für Maße und Gewichte als allein gültige internationale Urmaße anerkannt und seither im Pavillon Breteuil in Sèvres aufbewahrt.

Genauere Messungen ergaben aber bald folgendes:

Das Urmeter ist um rund 0,2 mm kleiner als der 10millionste Teil des Erdquadranten;

das Urkilogramm ist um rund 0,027 g größer als das »Gewicht« von 1 dm^3 H_2O von 4^0 C bei 1 at abs.

4. Das C.I.P.M. beschloß daher, daß lediglich die Urmaße und nicht ihre ursprünglichen Definitionen bindend bleiben; es wurde somit das Prinzip der Ableitung der Grundeinheiten aus naturgegebenen Größen fallen gelassen.

Andererseits führte der Doppelsinn des Wortes Gewicht alsbald zu der bereits erwähnten Spaltung des Metersystems; so entstanden:

I. Das wissenschaftliche Metersystem
mit m, kg-Masse und s als Grundeinheiten.

II. Das technische Metersystem
mit m, kg-Kraft und s als Grundeinheiten.

Dieses technische Maßsystem, das den Vorzug größerer »Anschaulichkeit« aufweist, wird in der Mechanik noch immer viel gebraucht. Man sollte jedoch bestrebt sein, es fallen zu lassen, da es dem wissenschaftlichen Maßsystem nicht als gleichwertig gegenübergestellt werden kann;

denn der genaue Wert eines Kraftkilogramms ist bekanntlich von der geographischen Breite und in geringerem Maße auch von der Höhenlage des Meßortes abhängig, so daß man eigentlich nur den Wert, den es in Sèvres besitzt, als Normalwert ansehen kann. Außerdem hat es keine eigentliche Erweiterung auf die Elektrotechnik erfahren, da das elektrotechnische V-, A-, m-, s-System mit dem m-, kg-Kraft (Kilopond), s-System nicht »kohärent« ist (worauf wir später eingehend zu sprechen kommen).

Das wissenschaftliche M.K.S.-System wurde später sonderbarerweise durch das C.G.S.-System verdrängt, das sich in der wissenschaftlichen Literatur allgemein durchgesetzt hat, obwohl als Urmaße nach wie vor das Iridium-Platin-m und Iridium-Platin-kg von Sèvres ihre volle Gültigkeit behielten.

Andererseits wurde das ursprünglich nur mechanische C.G.S.-System bereits frühzeitig auch auf die Elektromagnetik erweitert, so daß die Geschichte des C.G.S.-Systems mit der Geschichte der elektromagnetischen Einheiten eng verknüpft ist.

K. F. Gauß hatte bereits 1833 (also 42 Jahre vor dem Zustandekommen des Meter-Abkommens, das man nur auf die mechanischen Einheiten bezog) seine grundlegende Arbeit: »Intensitas vis magneticae terrestris ad mesuram absolutam revocata« (Göttingen 1833) veröffentlicht, in der er sich »absoluter« elektromagnetischer Einheiten bediente; er verstand darunter solche Einheiten, die lediglich aus den Grundeinheiten der Länge, Maße und Zeit ableitbar und von jeder willkürlichen Festlegung »befreit« schienen (wobei Gauß allerdings als Grundeinheiten mm, mg und s wählte). Obwohl wir heute wissen, daß die Gaußsche Ableitung der elektromagnetischen Einheiten aus Längen-, Massen- und Zeiteinheiten doch in der $\varepsilon_0 = 1$ bzw. $\mu_0 = 1$-Setzung eine Willkür enthielt, auf die später näher eingegangen werden soll, hat sich für die elektromagnetischen C.G.S.-Systeme bis auf den heutigen Tag die nicht ganz berechtigte Bezeichnung »absolute Maßsysteme« erhalten.

Weber, ein Mitarbeiter von Gauß, baute 1840 das »absolute C.G.S.-System« durch Hinzufügung weiterer elektrischer und magnetischer Einheiten aus.

Die Veröffentlichungen von Gauß und Weber bildeten die Grundlage für die Arbeit, der sich in den Jahren 1861—67 ein Sonderausschuß der B.A.A.S. (British Association of the Advancement of Science) widmete, mit dem Ziel »absolute« elektrische und magnetische Einheiten und Eichmaße festzulegen.

Dieser 1. B.A.A.S.-Ausschuß, dem die namhaftesten Vertreter der theoretischen und angewandten Wissenschaften angehörten, faßte drei wichtige Beschlüsse:

5. Das Gauß-Webersche absolute elektromagnetische Maßsystem wurde prinzipiell übernommen, aber m, g und s als Grundeinheiten festgelegt. Es wurde also das ursprüngliche dezimale Metersystem ohne Änderung seiner Grundeinheiten auf die Elektromagnetik erweitert, wobei die Gauß-Weberschen Annahmen $\varepsilon_0 = 1$ und $\mu_0 = 1$ übernommen wurden, ohne aber besonders erwähnt zu werden.

6. Wegen der Unhandlichkeit der auf diesem Wege erzielten »absoluten« elektromagnetischen Einheiten wurden aber außerdem die ersten »praktischen« Einheiten festgelegt:

Ampere, Volt, Ohm und Farad (heute μF).

7. Ferner wurde das Prinzip aufgestellt, daß die Werte dieser »praktischen« Einheiten, die sich seit Jahren bereits in der rasch fortschreitenden Fernmelde- und Starkstromtechnik eingebürgert hatten, genaue 10er-Potenzen der entsprechenden »absoluten« Einheiten sein müssen.

8. Einige Jahre später wurde als weiteres Prinzip hinzugefügt: »Alle elektrotechnischen Einheiten sollen untereinander durch »1 zu 1«-Gleichungen verbunden werden.«

Dementsprechend wurde auch für das Farad der heutige (10^6 mal größere) Wert festgelegt.

Damit war der Grundstein gelegt für die Entwicklung eines in sich geschlossenen

III. Maßsystems der Elektrotechnik
mit V, A, m, s als Grundeinheiten.

Der 2. B.A.A.S.-Ausschuß, der mit der Wahl und Benennung dynamischer und elektrischer Einheiten beauftragt war, hat im Jahre 1873 — wie bereits erwähnt — den obigen Beschluß 5. dahin abgeändert, daß nunmehr

5a. als Grundeinheiten des »absoluten« Metersystems, nicht m, g und s, sondern cm, g und s anzusehen sind,

»damit die Dichte (d. h. die spezifische Masse) des Wassers den üblichen Wert 1 beibehält«; um die Ungenauigkeit dieser Festsetzung scheint man sich nicht bekümmert zu haben.

Jedenfalls wurde als Folge dieses Beschlusses das ursprüngliche wissenschaftliche Metersystem I gänzlich verdrängt durch das ihm nahe verwandte:

Ia. »Absolute« C. G. S.-System
mit cm, g, s als Grundeinheiten.

Daß es fast ein Jahrzehnt jünger ist als das elektrotechnische Maßsystem, hat man längst vergessen. Es wurde eben im Laufe der Jahre durch allgemeinen Gebrauch in der Wissenschaft »das absolute wissenschaftliche Maßsystem«.

Der 1. Internationale Elektrizitäts-Kongreß (C.I.E., Congrès International d'Electricité), der im Jahre 1881 in Paris zusammentrat, hat die Festlegungen des B.A.A.S. durch drei wichtige Beschlüsse bekräftigt:

9. Das absolute C.G.S.-System wurde für den allgemeinen Gebrauch in allen Zweigen der Wissenschaften international angenommen; den einzelnen C.G.S.-Einheiten wurden aber keine besonderen Namen gegeben mit Ausnahme von

$$\text{dyn} = \text{cm g s}^{-2} \text{ und erg} = \text{cm}^2 \text{ g s}^{-2}.$$

10. Die folgenden elektrotechnischen Einheiten wurden für den praktischen Gebrauch zugelassen, und ihre Werte als genaue 10er-Potenzen der entsprechenden elektromagnetischen C.G.S.-Einheiten festgelegt:

Ampere	=	10^{-1}	elektromagnetische	C.G.S.-Einheiten	
Volt	=	10^{8}	»	»	»
Ohm	=	10^{9}	»	»	»
Farad	=	10^{-9}	»	»	»
Coulomb	=	10^{-1}	»	»	»

11. Es wurden außerdem noch:

Eichnormalien für Volt und Ohm

(später durch Ampere und Ohm ersetzt) fetgelegt.

Die hierin liegende Überbestimmung, die später eine weitere Quelle des Zwiespaltes zwischen »theoretischen« und »praktischen« Einheiten werden sollte, scheint im C.I.E. nicht beachtet worden zu sein. Man hat wohl zu jener Zeit mehr an die »theoretische« Festlegung der Einheiten als an die »meßtechnisch« erreichbaren Genauigkeitsgrade gedacht.

Die folgenden Internationalen Elektrizitäts-Kongresse brachten (bis 1900) nichts wesentlich Neues, sondern bloß die Festlegung einiger weiterer Namen für elektrotechnische Einheiten, wobei an dem Grundsatz festgehalten wurde:

12. Den praktischen Einheiten sind Namen berühmter Wissenschaftler zu geben, die C.G.S.-Einheiten jedoch sollen unbenannt bleiben.

13. Dementsprechend wurden von dem 2. Internationalen Elektrizitäts-Kongreß (Paris 1889) 3 weitere Namen für elektrotechnische Einheiten angenommen:

$$\text{Joule} = 10^7 \text{ erg} = 10^7 \text{ cm}^2 \text{ g s}^{-2},$$
$$\text{Watt} = 10^7 \text{ erg sec}^{-1} = 10^7 \text{ cm}^2 \text{ g s}^{-3},$$
$$\text{Henry} = 10^9 \text{ el.-mag. C.G.S.-Einh.} = 10^9 \text{ cm}(\mu_0).$$

Auf dem 3. Internationalen Elektrizitäts-Kongreß (Frankfurt 1891) wurden neue Namen für magnetische Einheiten vorgeschlagen; eine Einigung konnte aber nicht erzielt werden.

Auf dem 4. Internationalen Elektrizitäts-Kongreß (Chikago 1893) kam die Frage der magnetischen Einheiten nochmals zur Sprache, diesmal wurde beschlossen:

14. Als magnetische Einheiten sollen nur C.G.S.-Einheiten verwendet werden, ohne daß ihnen aber — entsprechend dem 1881 aufgestellten Grundsatz — besondere Namen gegeben werden.

Auf dem 5. Internationalen Elektrizitäts-Kongreß (1900 Paris) wurde jedoch die Frage der Festlegung von Benennung für magnetische Einheiten nochmals aufgeworfen und nach heftigen Diskussionen 2 Benennungen abgestimmt:

15. Maxwell für die el.-mag. C.G.S.-Einheit des magn. Flusses Φ,
Gauß für die el.-mag. C.G.S.-Einheit der magn. Feldstärke $\mathfrak{H}$.

Damit war der 1881 gefaßte und 1893 nochmals bekräftigte Beschluß, nur »praktischen« Einheiten Namen von Wissenschaftlern beizulegen, leider durchbrochen worden.

Noch bedauerlicher ist ein Mißverständnis (die Verwechslung von magn. field intensity $\mathfrak{H}$ mit magn. field density $\mathfrak{B}$), demzufolge die Amerikanische Abordnung in dem Glauben nach Amerika zurückreiste, es sei ein Vorschlag des A.I.E.E. (American Institut of Electrical Engineering) vom Jahre 1894 angenommen worden, nämlich

15a. Gauß, als el.-mag. C.G.S.-Einheit für die magn. Induktion $\mathfrak{B}$.

Die Benennung Gauß hat sich daher gleichzeitig teils als Einheit von $\mathfrak{H}$, teils als Einheit von $\mathfrak{B} = \mu \mathfrak{H}$ eingebürgert. Dieser Zwiespalt fiel aber zu jener Zeit kaum auf, da man μ als »dimensionslose« reine Zahl ansah und somit $\mathfrak{H}$ und $\mathfrak{B}$ noch nicht als wesensverschiedene Größen erkannt hatte.

Nebenbei sei auch erwähnt, daß die amerikanische Abordnung schon damals (1900) den Auftrag hatte, für die Rationalisierung der elektromagnetischen Maßsysteme (d. h. für die Richtigstellung des Faktors 4π) einzutreten; jedoch kam diese Frage gar nicht zur Sprache — ja sie hat bis auf den heutigen Tag noch keine internationale Lösung erfahren.

Hiermit war 1900 auch die Entwicklung des praktischen, elektrotechnischen Maßsystems zu einem gewissen Abschluß gelangt.

Die geschaffene Lage blieb bis 1932 unverändert, war jedoch keineswegs befriedigend:

A. Der Zwiespalt zwischen den »wissenschaftlichen« (C.G.S.)-Einheiten und den »technischen« Einheiten war nicht gelöst, sondern vielmehr bekräftigt worden. Die Folge ist eine bis in unsere Zeit reichende unrechtfertigbare Erschwerung im Lesen der wissenschaftlichen und technischen Literatur und ein recht unangenehmes, dauerndes Umrechnen, das eine zeitraubende Leerlaufarbeit erfordert.

B. Die technischen Maßsysteme haben zwar den Vorteil handlicher und durchwegs benannter Einheiten für sich, jedoch folgende Nachteile:

a) Es blieben nach wie vor 2 nicht aufeinander abgestimmte praktische Maßsysteme im Gebrauch:

Das mechanotechnische Maßsystem
mit kilopond, m und s als Grundeinheiten;

das elektrotechnische Maßsystem
mit A, Ω, cm und s als Grundeinheiten.

b) Die Folge ist, daß sich für alle energetischen Größen (Arbeit, Leistung, Kraft usw.) je zwei verschiedene technische Einheiten ergeben (kpm und Joule, $kpms^{-1}$ und Watt, Kilopond und Joule m^{-1}); die entsprechenden Umrechnungsfaktoren (der Erdbeschleunigungsfaktor $g = 9{,}81$, in verschiedenen Potenzen) bilden einen recht unangenehmen Ballast.

c) Noch mehr erschwert wurde das technische Rechnen durch den bedauerlichen Beschluß der C.I.E. vom Jahre 1900, magnetischen C.G.S.-Einheiten Namen von Wissenschaftlern zu geben, denn dadurch entstand eine Vermengung von elektrotechnischen mit C.G.S.-Einheiten, die ein Mitschleppen weiterer Umrechnungsfaktoren (10^8, 10^4 usw.) erfordert.

d) Ferner entstand mit wachsender meßtechnischer Genauigkeit ein sich immer unangenehmer fühlbar machender Zwiespalt zwischen dem theoretischen und dem tatsächlichen Wert der elektrotechnischen Einheiten.

Denn während ihr theoretischer Wert aus den C.I.P.M.-Eichmaßen (Urmeter, Urkilogramm-Masse und Sekunde) errechnet wird, ergibt sich ihr tatsächlicher Wert aus den (1898 in Deutschland und 1908 international) festgelegten Eichnormalien:

1 Internationales Ampere ist der konstante Strom, der aus einer wässerigen Silbernitratlösung sekundlich 0,00111800 g reines Silber niederschlägt.

1 Internationales Ohm ist der Widerstand einer Quecksilbersäule von 1 mm^2 konstantem Querschnitt und 106,3 cm Länge bzw. 14,4521 g Masse bei der Temperatur des schmelzenden Eises.

Nach dem heutigen Stand der Meßtechnik ist daher

1 Intern. Ampere $= 0{,}99985 \cdot 10^{-1}$ el.-mag. C.G.S.-Einheiten,

1 Intern. Ohm $= 1{,}00049 \cdot 10^9$ el.-mag. C.G.S.-Einheiten.

C. Das absolute C.G.S.-System beanspruchte für sich den Vorteil, ein Mechanik, Elektrizität und Magnetismus umfassendes, also (mit Ausnahme der Wärmelehre) ein universelles Maßsystem zu sein, und war (und ist bis zu einem gewissen Grade auch heute noch) von dem Nimbus des »Absoluten« umgeben, der auf der Auffassung beruhte, daß alle seine Einheiten aus cm, g und s ohne Zuhilfenahme irgendwelcher weiterer Eichmaße ableitbar seien und für die Dichte des Wassers δ_{H_2O}, die Dielektrizitätskonstante des Vakuums ε_0 und die Permeabilität des Vakuums μ_0 (wenigstens theoretisch) zu den Werten 1 führen.

Bekanntlich hat jedoch auch das C.G.S.-System einige recht unangenehme Nachteile, die im allgemeinen darauf zurückzuführen sind, daß man als Ausgangspunkt für die Ableitung elektrischer und magnetischer Einheiten aus mechanischen Einheiten die beiden experimentell ermittelten Coulombschen Gesetze benutzt hat

$$P_e = \frac{Q_1 Q_2}{(\varepsilon)\, r^2} \quad \text{und} \quad P_m = \frac{\mathfrak{M}_1 \mathfrak{M}_2}{(\mu)\, r^2} \quad . \; . \; . \; . \; (15)$$

wobei anfangs ε und μ überhaupt weggelassen wurden (da man den Einfluß des Mediums vorerst nicht bemerkt hatte) und später als reine Zahlen betrachtet werden mußten, um die elektromagnetischen Einheiten überhaupt auf mechanische Einheiten zurückführen zu können.

a) Der am meisten auffallende Nachteil der elektromagnetischen Einheiten des C.G.S.-Systems ist, daß in diesem — im Gegensatz zu den mechanischen C.G.S.-Einheiten — die Grundeinheiten cm und g mit den gebrochenen Exponenten $\frac{1}{2}$, $\frac{3}{2}$, $-\frac{1}{2}$ und $-\frac{3}{2}$ behaftet sind. (Vgl. Tabellen IV, VII u. IX.)

Man konnte sich also kein rechtes Bild von der Größe, ja nicht einmal von dem Wesen dieser Einheiten machen, denn was für einen physikalischen Sinn haben gar negative Wurzeln aus Potenzen einer Länge oder einer Masse?

b) Der Umstand, daß ε_0 und μ_0 als reine Zahlen angesehen wurden, führte zu unzulässigen Verwechslungen. Namentlich wurden häufig die magnetische Feldstärke $\mathfrak{H}$ und die magnetische Induktion $\mathfrak{B} = \mu\mathfrak{H}$ miteinander verwechselt, da beide im C.G.S.-System mit der gleichen Einheit $\text{cm}^{-1/2}\,\text{g}^{1/2}\,\text{s}^{-1}$ gemessen werden müssen. Es ist also verständlich, daß ein gleiches Mißverständnis auch betreffs der Einheit Gauß aufkam und bis in die jüngste Zeit zu langen Auseinandersetzungen geführt hat.

c) Auf die Unzulässigkeit der Unterdrückung von ε und μ aus den Dimensions-Formeln der elektrischen und magnetischen C.G.S.-Einheiten hatte bereits im Jahre 1889 A. W. Rücker [3] hingewiesen. Dadurch war man aber vor das Dillema gestellt: — entweder das absolute

C.G.S.-System als ein System mit nur 3 Grundeinheiten (cm, g, s) aber 5 Grunddimensionen (L, T, M, ε, μ) aufzufassen und folgerichtig ε_0 und μ_0 mit deren ebenfalls gebrochenen Exponenten wenigstens in die Dimensionsformeln der elektrischen und magnetischen Einheiten einzuführen, was die meisten Theoretiker auch durchführten —, oder anzunehmen, daß das C.G.S.-System tatsächlich nicht 3, sondern 5 Grundeinheiten besitzt und eigentlich C.G.S. · ε_0 · μ_0-System heißen müßte, eine Meinung, die (gestützt auf den Umstand, daß auch das elektrotechnische Maßsystem tatsächlich auf 5 Eichmaße m, kg, s, A und V (oder Ω) aufgebaut schien) bis in die jüngste Zeit vertreten wurde [6a].

Daß beide Auffassungen irrig sind, soll später nachgewiesen werden.

d) Ferner hatte James-Clerk Maxwell bereits 1881 (in seiner berühmt gewordenen Arbeit »A Treatise on Electricity and Magnetism«) darauf hingewiesen, daß sich aus den Forderungen $\varepsilon_0 = 1$, $\mu_0 = 1$ nicht nur ein, sondern drei verschiedene C.G.S.-Systeme ableiten lassen. Wählt man nämlich gleichzeitig $\varepsilon_0 = 1$ und $\mu_0 = 1$, wie es Gauß und Weber taten, so erscheint in den elektromagnetischen Grundgleichungen noch ein Faktor c, dessen Wert zahlenmäßig gleich der Lichtgeschwindigkeit im Vakuum $c = v_0$ ist. Hält man aber nur $\varepsilon_0 = 1$ oder $\mu_0 = 1$ fest, so wird der Faktor $c = 1$ und man erhält für alle elektrischen und magnetischen Größen — mit cm, g und s als Grundeinheiten — je 2 verschiedene, eindeutig bestimmte Einheiten.

Es ergaben sich also aus der Bindung an die elektromagnetischen Eigenschaften des Vakuums — wie heute allgemein bekannt — in der Tat drei verschiedene C.G.S.-Systeme (vgl. Tabelle II), die sich alle in der Wissenschaft eingebürgert haben:

1. Das »absolute« Gauß-Webersche C.G.S.-System
   mit den Gr.-Einh. cm, g, s und mit $\varepsilon_0 = 1$, $\mu_0 = 1$ und $c = v_0$.
2. Das elektrische (elektrostatische) C.G.S.-System
   mit den Gr.-Einh. cm, g, s und mit $\varepsilon_0 = 1$, $\mu_0 = \frac{1}{v_0^2}$ und $c = 1$.
3. Das magnetische (elektromagnetische) C.G.S.-System
   mit den Gr.-Einh. cm, g, s und mit $\varepsilon_0 = \frac{1}{v_0^2}$, $\mu_0 = 1$ und $c = 1$.

Für die Technik ergaben die Beschlüsse der Internationalen Elektrotechnischen Kongresse von 1881 bis 1900 ein Gemisch von Einheiten, das den Namen trägt:

4. Das elektrotechnische Einheitensystem
   und A, Ω, cm, s als »elektrische« Grundeinheiten hat, aber noch die »magnetischen« C.G.S.-Einheiten, namentlich Maxwell und Gauß, einschließt.

Dieses System ist also in sich gar nicht kohärent. Seine wichtigsten Mängel wurden bereits bei der Besprechung der Technischen Maßsysteme aufgezählt (s. S. 22, B).

Es sei in diesem Zusammenhange noch erwähnt, daß Maxwell selbst auch eine Erweiterung des elektrotechnischen Maßsystems auf die Mechanik versucht hat, um es als ebenbürtig den C.G.S.-Systemen an die Seite stellen zu können. Er hat eine Lösung angegeben, die $\mu_0 = 1$ aufrechterhält, aber als Grundeinheiten 10^9 cm (Quadrant) und 10^{-11} g (ten eleventh g) aufweist und als Q.E.S.-System bekannt aber nie gebräuchlich wurde. Man findet (vgl. Tabelle II):

5. Das Maxwellsche Q.E.S.-System
mit den Gr.-Einh. 10^9 cm, 10^{-11} g, s
und mit $\varepsilon_0 = \frac{10^9}{v_0^2}$, $\mu_0 = 1$ und $c = 1$.

Schließlich hatte O. Heaviside, der die Maxwellsche Theorie weiter ausbaute, bereits im Jahre 1892 darauf hingewiesen, daß einige elektrische und magnetische Einheiten der C.G.S.-Systeme sowie die daraus abgeleiteten entsprechenden praktischen Einheiten einen Faktor 4π in sich schließen, der infolgedessen in nicht rationaler Weise in Gleichungen zum Vorschein kommt, die nur orthogonale geometrische Elemente aufweisen (wie z. B. in der Gleichung des ebenen Plattenkondensators $c = \frac{\varepsilon}{4\pi}\frac{F}{d}$ cm), hingegen aus Gleichungen fehlen, die sphärische Elemente enthalten (wie z. B. die Coulombschen Grundgesetze).

An die Arbeiten von Heaviside anschließend hatte Lorentz ein rationalisiertes Gaußsches C.G.S.-System aufgebaut, indem er für die Bestimmung der Einheiten von Elektrizitätsmenge Q und von »Magnetismus-Menge« $\mathfrak{M}$ die beiden Coulombschen Gesetze in ihre rationale Form brachte:

$$P_e = \frac{1}{\varepsilon}\frac{Q_1}{4\pi r^2}Q_2 \quad \text{und} \quad P_m = \frac{1}{\mu}\frac{\mathfrak{M}_1}{4\pi r^2}\mathfrak{M}_2 \quad . \; . \; . \; . \; (16)$$

Um diese Umformung zu erzielen, hat Lorentz einfach die C.G.S.-Einheiten für Q und $\mathfrak{M}$ mit dem Faktor $\sqrt{4\pi}$ dividiert. Hiermit blieben, wie auch im Gaußschen C.G.S.-System:

6. Im Heaviside-Lorentzschen C.G.S.-System
die 3 Gr.-Einh. cm, g, s und auch $\varepsilon_0 = 1$, $\mu_0 = 1$, $c = v_0$.

Durchsetzen konnte sich aber die von Lorentz vorgeschlagene Lösung des Problems der Rationalisierung nicht, da sich inzwischen die »klassischen« C.G.S.-Einheiten und die aus ihnen abgeleiteten »praktischen« Einheiten zu sehr eingebürgert hatten.

Doch bereits im Jahre 1901 veröffentlichte der italienische Ingenieur Giorgi seine ersten Arbeiten [4] über das rationale M.K.S.O.-System, welches unter Aufgabe von $\varepsilon_0 = 1$ und $\mu_0 = 1$ und Einbeziehung von 4π in die Werte von ε und μ, alle aus A, V und s ableitbaren elektrotechnischen Einheiten mit den Einheiten des ursprünglichen wissenschaftlichen m, kg-Masse, s-Systems zu einem einheitlichen Maßsystem zusammenfaßte (vgl. Tabelle II):

7. Das Giorgische rationale M.K.S.Ω.-System hat 4 Gr.-Einh. m, kg, s und Ohm und

$$\varepsilon_0 = \frac{10^7}{4\pi v_0^2}, \quad \mu_0 = 4\pi\,10^{-7}, \quad c = 1;$$

hingegen sind im nicht rationalen M.K.S.O.-System:

$$\varepsilon_0 = \frac{10^7}{v_0^2}, \qquad \mu_0 = 10^{-7}, \qquad c = 1.$$

Dieses System brachte eine praktisch recht gut brauchbare und leicht durchführbare Lösung für die meisten der soeben besprochenen Mängel der international festgelegten Maßsysteme (worauf wir im folgenden noch näher eingehen werden).

Im Jahre 1904 hat Giorgi seine Ansichten dem 6. Internationalen Elektrizitäts-Kongreß, der in St. Louis (Amerika) zusammentrat, unter dem Titel »Proposals concerning electrical and physical units« [4a] vorgelegt. Aber seine Arbeiten wurden damals leider sehr wenig beachtet und gerieten bald in Vergessenheit.

Andererseits wurde im Jahre 1916 in Amerika von Dellinger und Bennett [6] und wenig später in Deutschland von Mie [3] eine andere Erweiterung des elektrotechnischen Systems auf die Mechanik vorgeschlagen:

8. Das Dellinger-Bennett-Mie-sche Einheitensystem mit 4 Grundeinheiten V, A, cm und s

und mit $\varepsilon_0 = \frac{10^9}{v_0^2}$, $\mu_0 = 1$ und $c = \sqrt{10^9}$.

Dieses System konnte sich aber, trotzdem es sich einiger Beliebtheit erfreut, wegen seiner unbequemen Masseneinheit (10^7 g) nicht durchsetzen.

Im Laufe der Jahre hatte sich also eine Vielzahl von Maßsystemen für die Elektromagnetik entwickelt, die als äußerst störend empfunden wurde (vgl. Tabelle II).

Hingegen hat der Internationale Elektrizitäts-Kongreß in St. Louis doch einen für die zukünftige Entwicklung der Maßsysteme wichtigen Beschluß gefaßt, indem er die Internationale Elektrotechnische Commission (I.E.C.) ins Leben rief, die zum erstenmal im Jahre 1906 unter dem Vorsitz von R. E. Crompton zusammentrat, aber sich vorerst mit der Einheitenfrage nicht beschäftigte.

Die Internationale Elektrotechnische Comission (I.E.C.) hat sich erst im Jahre 1927 während der Plenartagung in Bellagio mit Einheiten zu beschäftigen begonnen, und zwar wurde ein Ausschuß für elektrische und magnetische Größen und Einheiten (E.M.G.E.) gegründet, vorerst als Unterausschuß des Komitees für Nomenklatur, später als selbständiger Ausschuß.

Auf der nächsten I.E.C.-Plenartagung, die 1930 in Skandinavien zusammentrat, hat der E.M.G.E.-Ausschuß folgende Beschlüsse gefaßt:

16. Es wurde festgesetzt, daß man »die Permeabilität des Vakuums μ_0 sowie die absolute Permeabilität $\mu = \mathfrak{B}/\mathfrak{H}$ nicht als reine Zahlen, sondern als dimensionsbehaftete Größen auffassen müsse, nur die relative Permeabilität $\mu_r = \frac{\mu}{\mu_0}$ darf als reine Zahl betrachtet werden«.

17. Ferner wurden 4 »neue« Namensbezeichnungen, aber nicht für elektrotechnische, sondern für die folgenden (elektro)magnetischen C.G.S.-Einheiten angenommen:

Maxwell	für	die	magn.	C.G.S.-Einheit	d.	magn.	Flusses	Φ,
Gauß	»	»	»	»	»	»	Induktion	$\mathfrak{B}$,
Oersted	»	»	»	»	»	»	Feldstärke	$\mathfrak{H}$,
Gilbert	»	»	»	»	»	»	motor. Kraft	$\mathfrak{F}$.

18. Für die entsprechenden Einheiten des elektrotechnischen Systems wurden die gleichen Namen mit dem Prefix »Pra-« festgelegt.

Diese nicht sehr glücklichen Beschlüsse des E.M.G.E.-Ausschusses wurden aber, wie zu erwarten war, in den folgenden Jahren lebhaft angegriffen. Vor allem wurden folgende Einwände erhoben:

a) Daß dadurch der Mißgriff des C.I.E. vom Jahre 1900, statt nur praktischen Einheiten (wie 1891 beschlossen worden war) auch (elektro-) magnetischen C.G.S.-Einheiten Namen von Wissenschaftlern beigelegt zu haben, noch erweitert wurde.

b) Daß die Wahl dieser Namen selbst unzulässig sei, da Gauß, Oersted und Gilbert in einigen Ländern bereits für andere Einheiten, als die von der I.E.C. festgelegten, im Gebrauch seien.

c) Daß die Präfixe »pra« zu Zweideutigkeiten führen können, da nicht festgelegt wurde, ob sie für die rationalen oder die nicht rationalisierten »praktischen« Einheiten gebraucht werden sollten.

Es ist daher erklärlich, daß bereits im Juli 1931 die Internationale Vereinigung für reine und angewandte Physik (I.U.P. International Union for pure and applied Physics), die in Bruxelles zusammentrat, einen Ausschuß für Symbole, Einheiten und Nomenklatur (S.U.N. Committee for Symbols, Units and Nomenclature) einsetzte, welcher, unter Vorsitz von Sir Glazebrook, sich vornahm, die I.E.C.-Beschlüsse von Oslo nochmals einer internationalen Rundfrage zu unterbreiten, als deren Folge obige Beschlüsse stillschweigend fallen gelassen wurden.

Im Juli 1932 trat in Paris der 8. Internationale Elektrizitäts-Kongreß zusammen, unter Vorsitz von P. Janet. Es wurden verschiedene Arbeiten über Einheiten vorgelegt, aber das Problem der Einheiten kam nicht auf die Tagesordnung.

Das E.M.G.E.-Komitee der I.E.C. trat hingegen im Oktober 1933 in Paris zusammen, unter Vorsitz von A. E. Kennely in Anwesenheit von G. Giorgi, als Vertreter Italiens, und von H. Abraham, Generalsekretär der I.U.P., als Vertreter der S.U.N., und hat folgenden Beschluß gefaßt:

»Die nationalen E.M.G.E.-Ausschüsse der im I.E.C. vertretenen Länder einzuladen, sich zu äußern, ob sie der Erweiterung der bestehenden Reihe praktischer elektromagnetischer Einheiten in ein, auch die Mechanik umfassendes, »kohärentes« Maßsystem mit den Grundeinheiten Meter, Kilogramm (Masse), Sekunde und entweder dem absoluten Ohm ($= 10^9$ magnetische C.G.S.-Einheiten) oder dem »entsprechenden« Wert der Permeabilität des Vakuums μ_0 als 4. Grundeinheit zustimmen würden.«

Absichtlich wurde nicht ausgesprochen, ob $\mu_0 = 10^{-7}$ oder $\mu_0 = 4\pi\, 10^{-7}$ sein sollte, um die Frage der Rationalisierung vorläufig offen zu lassen.

Auf Grund dieser Vorarbeiten hat im Juni 1935 die Internationale Elektrotechnische Commission (I.E.C.) [1] auf der Plenartagung in Scheveningen (Holland) die obige Frage einstimmig bejaht und folgenden überaus wichtigen Beschluß gefaßt:

19. Das Giorgische Einheitensystem wurde international angenommen (1935).

Da das Giorgische M.K.S.Ω-System eine Verschmelzung des VA-Systems der Elektrotechnik (III) mit den ältesten wissenschaftlichen m, kg, s-System der Mechanik (I) darstellt, ermöglicht es die Aufhebung des Zwiespaltes zwischen wissenschaftlichen und technischen Einheiten, der seit den Beschlüssen des Internationalen Elektrotechnischen Kongresses von 1900 bestand. Leider wurde dieser überaus wertvolle Vorzug des Giorgischen Systems durch den I.E.C.-Beschluß in keiner Weise zum Ausdruck gebracht.

Überdies blieben die Fragen der Festlegung einer 4. Grundeinheit und der Annahme der Rationalisierung noch unentschieden. Die damit zusammenhängenden Fragen der Wahl eines zugeordneten Dimensionssystems und einer genaueren Definierung der Kohärenz zwischen den einzelnen Einheiten des Systems kamen gar nicht zur Sprache.

Vielmehr wurde nur noch beschlossen

20. die folgenden Benennungen für Einheiten des Giorgischen Systems einzuführen:

1 Weber = 10^8 Maxwell als M.K.S.-Einheit des magn. Flusses Φ,
1 Siemens = Ohm^{-1} als M.K.S.-Einheit des elektr. Leitwerts G,
1 Hertz = Perioden/Sekunde als M.K.S.-Einheit der Frequenz f.

Die letzte I.E.C.-Tagung trat im Juni 1938 in Torquay [1] (England) zusammen.

21. Sie hat diesen Benennungen noch hinzugefügt:

1 Newton = 10^5 dyn als M.K.S.-Einheit der Kraft P.

Die Frage der Wahl der 4. Grundeinheit und die der Rationalisierung blieben jedoch auch 1938 unentschieden und sind es bis auf den heutigen Tag geblieben.

Auf die gesamte Entwicklung rückblickend erkennt man, daß die C.G.S.-Systeme trotz ihrer Mängel in der 1881 international angenommenen Form erstarrt und seit über 60 Jahren unverändert geblieben sind. Sie werden wohl auch keine Veränderung mehr erleiden, sondern als klassische Systeme bestehen bleiben. Es ist dies ein unbestreitbarer Vorteil, da dadurch das nicht allzu leichte Lesen der klassischen Physikliteratur, wenigstens durch die Einheitlichkeit seiner Einheitenschwierigkeiten, erleichtert wird.

Nicht hindern konnte aber diese Starrheit der C.G.S.-Systeme ein dauerndes, von der überragenden Entwicklung der Technik vorwärts geschobenes Streben nach der Aufstellung eines praktischen, bequemen, rationalen und möglichst universellen Maßsystems. Tatsächlich haben sich seit 1881 fast jeder C.I.E.-Kongreß und seit 1927 alle I.E.C.-Tagungen mit der Verbesserung und dem Ausbau des praktischen Maßsystems beschäftigt.

Trotzdem hat es 34 Jahre gedauert, ehe sich Ansichten durchsetzen konnten, welche Giorgi bereits 1901 veröffentlicht hatte, und selbst heute sind sie noch nicht Allgemeingut geworden.

Es sollen daher anschließend die charakteristischen Eigenschaften des Giorgischen Maßsystems näher erörtert werden.

IV. Der Aufbau des Giorgischen Einheitensystems

Wie Giorgi gezeigt hat [4a], läßt sich ein praktisches, Mechanik und Elektromagnetik umfassendes Einheitensystem auf 4 Grundgedanken aufbauen.

1. Es ist vorteilhaft, die 3 Grundeinheiten des C.G.S.-Systems cm, g, s durch m, kg, s zu ersetzen, da man das

VA-System zwar nicht mit dem C.G.S.- aber mit dem M.K.S.-System zu einem einzigen und praktischen Einheitensystem verschmelzen kann.

Es ist nämlich:

$$1\,\mathrm{VAs} = 1\,\mathrm{Joule} = 10^7\,\mathrm{erg} = 10^7\,\mathrm{g\,cm^2\,s^{-2}} = 1\,\mathrm{kg\,m^2\,s^{-2}} \quad (17)$$

Daher müssen alle Systeme, die als grundlegende Einheiten gleichzeitig Ampere, Volt, Sekunde und — an Stelle von g und cm — die Zehnerpotenzen 10^m g und 10^l cm umfassen sollen, die von Ascoli [4b] entdeckte Bedingungsgleichung erfüllen:

$$10^7 \cdot \mathrm{g\,cm^2\,s^{-2}} = 10^m\,\mathrm{g} \cdot 10^{2l}\,\mathrm{cm^2} \cdot \mathrm{s^{-2}},$$

woraus folgt:

$$m + 2\,l = 7 \quad \ldots\ldots\ldots\ldots \quad (18)$$

Die wichtigsten unter den theoretisch unendlich vielen möglichen Lösungen enthält Tabelle III.

Man überzeugt sich leicht, daß nur die Giorgische Lösung

$$m = 3\ (10^3\,\mathrm{g} = 1\,\mathrm{kg})\ \text{und}\ l = 2\ (10^2\,\mathrm{cm} = 1\,\mathrm{m}) \quad \ldots \quad (19)$$

zu handlichen Einheiten der Masse und der Länge führt. Ein Festhalten an g und cm ist hingegen nicht möglich; und es ist überhaupt nur ein glücklicher Zufall, daß sich als mechanische Grundeinheiten für das V A s-System gerade m und kg wählen lassen.

Man beachte ferner, daß alle die Ascolische Bedingungsgleichung erfüllenden Einheitensysteme dezimal kohärent sind, d. h. daß ihre Einheiten untereinander den gleichen Zusammenhang aufweisen und sich nur durch 10er-Potenzen von g und m voneinander unterscheiden, also wegen ihrer engen Verwandtschaft gewissermaßen eine einzige Einheitenfamilie bilden. Dazu gehören außer dem Giorgischen M.K.S.O.-System auch das Dellinger-Bennett-Mie-sche V A cm s-System und das Maxwellsche Q.E.S.-System, nicht aber die C.G.S.-Systeme.

2. Die 3 mechanischen Grundeinheiten kg, m, s genügen für die Elektromechanik nicht; man muß noch eine vierte Grundeinheit hinzufügen, die nur eine der elektromagnetischen Einheiten *Cb*, *Wb*, *A*, *V*, *Ω*, *F*, *H* usw. sein kann.

Es gilt heute allgemein als erwiesen, daß sich elektrische und magnetische Einheiten aus lediglich 3 Grundeinheiten überhaupt nicht ableiten lassen.

Giorgi selbst hat keinen besonderen Beweis für diese Feststellung erbracht, er hat vielmehr die Notwendigkeit, für die Elektromagnetik 4 Grundeinheiten einzuführen, einfach aus der Tatsache gefolgert, daß man zum Aufbau des elektrotechnischen Maßsystems außer Längen- und Zeiteinheit m und s noch zwei elektromagnetische Grundeinheiten einführen mußte, Ampere und Volt oder Ampere und Ohm, dafür aber von einer Masseneinheit als Grundeinheit keinen Gebrauch macht. Es ergibt sich vielmehr entsprechend der Ascolischen Beziehung aus V, A, m und s zwangsläufig $1\,AVm^{-2}s^3 = 1$ kg als »abgeleitete Einheit« der Masse.

Bei näherem Betrachten erkennt man, daß selbst die C.G.S.-Systeme um die Wahl von 4 Grundeinheiten nicht herumkamen, denn die Zahlenwerte der Dielektrizitäts- bzw. Permeabilitätskonstante des Vakuums $\varepsilon_0 = 1$ bzw. $\mu_0 = 1$ setzen, heißt tatsächlich eben ε_0 oder μ_0 als Einheiten wählen. Dies ist auch der Grund, warum es 2 verschiedene C.G.S.-Systeme gibt, nämlich

das elektrische C.G.S.-System
mit den 4 Grundeinheiten cm, g, s und ε_0,
das magnetische C.G.S.-System
mit den 4 Grundeinheiten cm, g, s und μ_0.
Das Gaußsche Maßsystem
mit scheinbar 5 Grundeinheiten cm, g, s, ε_0 und μ_0

ist hingegen gar kein selbständiges System, sondern lediglich eine ziemlich willkürliche Auswahl aus elektrischen und magnetischen Einheiten, wie ein Blick auf die Tabellen VII und IX lehrt.

Versucht man dennoch ε_0 und μ_0 die Eigenschaft von Grundeinheiten abzusprechen, und sie als reine Zahlen zu betrachten (was leider auch heute noch zu oft als üblich hingenommen wird), so stößt man auf einen unlösbaren physikalischen Widerspruch: Als Verhältnis einer elektrischen und der ihr entsprechenden magnetischen C.G.S.-Einheit (also zweier Größen gleicher Art) erhält man nämlich keine reine Zahl (wie es die physikalische Einsicht fordert), sondern bekanntlich die Lichtgeschwindigkeit v_0 in verschiedenen Potenzen, woraus die physikalische Unzulässigkeit der 3 dimensionellen C.G.S.-Systeme unbestreitbar hervorgeht.

3. Als vierte Grundeinheit hatte Giorgi das Ohm vorgeschlagen (daher seine Bezeichnung M.K.S.Ω.-System). Er tat dies aus dem meßtechnischen Grunde der leichten Materialisierbarkeit, und es schwebte ihm vor, dem Normalmeter und dem Normalkilogramm in Sèvres auch ein materielles Normalohm an die Seite zu stellen.

Durch die Wahl der vierten Grundeinheit werden aber auch die Dimensionsformeln der elektromagnetischen Einheiten festgelegt, und diese sind leider, wählt man das Ohm, mit gebrochenen Potenzen behaftet, also mit einem Nachteil, der seit langem bei den C.G.S.-Systemen als lästig empfunden wurde (s. Tabelle IV).

Man hat daher verschiedentlich vorgeschlagen [6] Ampere oder Coulomb als vierte Grundeinheit zu wählen; dies würde zwar zu bequemeren Dimensionsformeln führen (s. Tabelle IV), hingegen stößt man bei ihrer Materialisierung auf Schwierigkeiten.

Dieses Dilemma umging der I.E.C.-Beschluß von 1935, indem zwar der Übergang von dem C.G.S.- auf das M.K.S.-System befürwortet und auch die prinzipielle Notwendigkeit der Wahl von 4 Grundeinheiten ausdrücklich anerkannt wurde, jedoch die Wahl der vierten Grundeinheit noch offen blieb. Es wurde verlangt, erst das Gutachten des Comité Consultatif d'Electricité (C.C.E.), des Fachausschusses des Comité International des Poids et Mesures (C.I.P.M.) in Sèvres und des Committee on Symbols, Units and Nomenclature (S.U.N.), des Fachausschusses der International Union of Pure and Applied Physics (I.U.P.A.P.) einzuholen.

Das übereinstimmende Gutachten dieser beiden Körperschaften lag der letzten I.E.C.-Tagung im Jahre 1938 vor. Es lautete:

»Es wird empfohlen, als Verbindungsglied zwischen elektrischen und mechanischen Einheiten die Permeabilität des Vakuums zu betrachten, und zwar mit dem Wert $\mu_0 = 10^{-7}$ im unrationalisierten oder $\mu_0 = 4\pi \cdot 10^{-7}$ im rationalisierten Giorgischen M.K.S.-System.«

Man beachte, daß man es unterlassen hat, den Werten von μ_0 die entsprechenden Einheiten beizufügen, obwohl es, wie bereits hervorgehoben wurde, physikalisch unmöglich ist, μ als reine Zahl aufzufassen. (Praktisch ist nur die Einheit $\frac{\mathrm{Vs}}{\mathrm{Am}}$ möglich, sie gibt $\mu_0 = 4\pi \cdot 10^{-7}$.)

Trotz dieses Mangels wurde diese an sich ausweichende und auch sonst recht unklare Antwort der C.C.E. und S.U.N. von der I.E.C. zur Kenntnis genommen und einstweilen auf die Wahl einer eigentlichen vierten Grundeinheit verzichtet.

4. Die Frage der Rationalisierung, die durch obigen Bescheid zwar angeschnitten, aber ebenfalls unentschieden gelassen wurde, hatte Giorgi selbst bereits 1901 gelöst. Er hatte vorgeschlagen, das M.K.S.Ω.-System auf folgendem besonders einfachen Wege zu rationalisieren.

Bekanntlich [7] erscheint bei Verwendung der klassischen C.G.S.-Einheiten der Faktor 4π in unrationaler Stellung, insofern er in manchen Gleichungen, die nur orthogonale geometrische Elemente enthalten, auftaucht, hingegen in anderen Gleichungen, die sphärische Elemente enthalten, fehlt.

Nun hatte bereits Lorentz, auf Grund von Vorarbeiten von Heaviside gezeigt, daß es möglich ist, die C.G.S.-Systeme durch Änderung einiger Einheiten zu rationalisieren und dadurch den Faktor 4π nur in physikalisch logischen Stellungen in Erscheinung zu bringen. Als Ausgangspunkt dienten die beiden Coulombschen Gleichungen; ihre Form ist:

in klassischen C.G.S.-Einheiten:

$$P_e = \frac{Q_1 Q_2}{\varepsilon r^2} = \frac{\Psi_1 \Psi_2}{\varepsilon (4\pi)^2 r^2} \; (\Psi = 4\pi Q) \quad \ldots\ldots \quad (15a)$$

und

$$P_m = \frac{\mathfrak{M}_1 \mathfrak{M}_2}{\mu r^2} = \frac{\Phi_1 \Phi_2}{\mu (4\pi)^2 r^2} (\Phi = 4\pi \mathfrak{M}) \quad . \quad . \quad . \quad . \quad (15b)$$

in Lorentzschen C.G.S.-Einheiten:

$$P_e = \frac{Q_1 Q_2}{\varepsilon 4 \pi r^2} = \frac{\Psi_1 \Psi_2}{\varepsilon 4 \pi r^2} (\Psi = Q) \quad . \quad . \quad . \quad . \quad . \quad . \quad . \quad (16a)$$

und

$$P_m = \frac{\mathfrak{M}_1 \mathfrak{M}_2}{\mu 4 \pi r^2} = \frac{\Phi_1 \Phi_2}{\mu 4 \pi r^2} (\Phi = \mathfrak{M}) . \quad . \quad . \quad . \quad . \quad . \quad . \quad (16b)$$

Lorentz erreichte diese Umformung dadurch, daß er die C.G.S.-Einheiten für Elektrizitäts- und Magnetismusmenge Q und $\mathfrak{M}$ durch $\sqrt{4\pi}$ verkleinerte und $\Psi = Q$, $\Phi = \mathfrak{M}$ definierte. Doch konnte sich sein Vorschlag nicht durchsetzen, da sich inzwischen die entsprechenden nicht rationalisierten C.G.S.-Einheiten und die daraus abgeleiteten elektrotechnischen Einheiten A, V, Ω, F usw. zu sehr eingebürgert hatten.

Giorgi kam nun auf den Gedanken, den zweiten möglichen Weg einzuschlagen, nämlich die Einheiten der Elektrizitätsmenge Q und des magnetischen Flusses Φ unverändert zu lassen, jedoch den Faktor 4π in die Einheiten von ε und μ einzubeziehen. Führt man diesen Vorschlag für das elektrotechnische Maßsystem durch, so bleiben, wie Giorgi gezeigt hat, die wichtigsten Einheiten, nämlich Cb, Wb, A, V, Ω, H, F usw. unverändert, so daß diese Art der Rationalisierung auf keine praktischen Schwierigkeiten stößt.

Auf diesem Wege findet man bei Beachtung der Umrechnungsfaktoren zwischen den elektromagnetischen C.G.S.-Einheiten und den elektrotechnischen V A m s-Einheiten (s. Berechnung S. 60)

$$\varepsilon_0 = \frac{10^7}{4\pi \cdot (2{,}9979 \cdot 10^8)^2} \frac{\text{As}}{\text{Vm}} = 8{,}859 \cdot 10^{-12}\ \text{F m}^{-1} \quad . \quad . \quad . \quad (20)$$

$$\mu_0 = 4\pi \cdot 10^{-7} \frac{\text{Vs}}{\text{Am}} = 1{,}256 \cdot 10^{-6}\ \text{H m}^{-1} \quad . \quad . \quad . \quad . \quad . \quad . \quad . \quad . \quad (21)$$

Es ist sogar ein Vorteil, daß im rationalisierten M.K.S.O.-System für ε und μ neue, eindeutig klare Einheiten in Erscheinung treten:

— für ε die Einheit $1 \frac{\text{Farad}}{\text{Meter}}$,

der man den Namen 1 dil geben könnte,

— für μ die Einheit $1 \frac{\text{Henry}}{\text{Meter}}$,

der man den Namen 1 perm geben könnte.

Die unrationalisierten Einheiten von ε und μ lassen sich dagegen durch übliche elektrotechnische Einheiten nicht ausdrücken (auch nicht durch C.G.S.-Einheiten); dies ist der Grund, warum in obigem Bescheid die Einheiten fortgelassen wurden.

Entsprechend der allgemeinen (aus den Maxwellschen Gleichungen ableitbaren) Beziehung $v = \sqrt{\frac{1}{\varepsilon \mu}}$ ergibt sich mit rationalisierten Giorgischen Einheiten auch für die Fortpflanzungsgeschwindigkeit elektromagnetischer Wellen im Vakuum nach Zahlenwert und Einheit physikalisch richtig:

$$\sqrt{\frac{1}{\varepsilon_0 \mu_0}} = \sqrt{4\pi\,(2{,}9979 \cdot 10^8)^2 \cdot 10^{-7}\,\frac{\mathrm{Vm}}{\mathrm{As}} \cdot (4\pi)^{-1}\,10^7\,\frac{\mathrm{Am}}{\mathrm{Vs}}} = $$
$$= v_0 = 2{,}9979 \cdot 10^8\,\mathrm{ms}^{-1} \quad . \quad . \quad (22)$$

Im Gaußschen Maßsystem mußte man hingegen in die allgemein gültige Gleichung $v = \sqrt{\frac{1}{\varepsilon \mu}}$ noch den dimensionsbehafteten Lichtgeschwindigkeitsfaktor $c = 2{,}9979 \cdot 10^{10}\,\mathrm{cm\ s^{-1}}$ einfügen, also $v = c\sqrt{\frac{1}{\varepsilon \mu}}$ schreiben, um die Möglichkeit zu erzwingen, gleichzeitig $\varepsilon_0 = 1$ und $\mu_0 = 1$ zu setzen und als reine Zahlen zu betrachten. (Der Faktor c taucht dann bekanntlich zwangsläufig in allen Gleichungen auf, die gleichzeitig Einheiten des elektrischen und des magnetischen C.G.S.-Systems enthalten, wenn man sich des sogenannten Gaußschen C.G.S.-Systems bedient, fehlt jedoch, wenn man nur das rein elektrische oder das rein magnetische C.G.S.-System verwendet, worauf später näher eingegangen wird.) Die Notwendigkeit und Logik der Einbeziehung von ε und μ in die Reihe »normaler« physikalischer Größen tritt hiermit klar zutage.

Trotz dieser Vorteile konnte sich die von Giorgi vorgeschlagene Rationalisierung des M.K.S.Ω-Systems noch nicht durchsetzen, ja sie kam bisher noch nicht einmal auf die Tagesordnung der I.E.C.-Ausschußsitzungen.

Zusammenfassend erhält man also folgendes Bild über den derzeitigen Stand der zwischenstaatlichen Abkommen betreffs des Giorgischen Systems:

a) Bloß die Internationale Commission der Elektrotechniker (I.E.C.) hat das Giorgische System (als Erweiterung und Ersatz des elektrotechnischen internationalen A-, Ω-, cm-, s-Systems) angenommen (1935), hingegen verhalten sich die zuständigen Körperschaften der Physiker (C.E.C. und S.U.N.) noch recht zurückhaltend und betrachten nach wie vor die »absoluten« C.G.S.-Systeme als »allein wissenschaftliche« Maßsysteme, deren historisches Anrecht auf alleinigen Gebrauch in der Physik unantastbar sei.

b) Selbst der Beschluß der I.E.C. ist noch recht lückenhaft:

anerkannt wurde bloß die Zweckmäßigkeit des Überganges von den Grundeinheiten cm, g, s auf m, kg, s und die Notwendigkeit der Hinzunahme einer vierten Grundeinheit,

unentschieden blieben hingegen die Wahl der vierten Grundeinheit und die Festlegung eines m und kg an die Seite zu stellenden Urmaßstabs,

gar nicht zur Erörterung kamen: die Frage der Rationalisierung sowie das ganze damit zusammenhängende Problem der Dimensionsformeln und der Kohärenz.

Fragt man nach den Gründen dieser Lage, so läßt sich dies kaum aus dem konservativen Festhalten an den althergebrachten C.G.S.-Systemen erklären (zumal in den letzten Jahren auf manch anderen Gebieten der Physik starke konservative Schranken durchbrochen wurden). Vielmehr scheinen noch die meisten Physiker der Ansicht zu sein, daß das Giorgische Einheitensystem den C.G.S.-Systemen gegenüber lediglich praktische Vorteile biete, sich aber noch in unabgeschlossener Entwicklung befinde, und daß insbesondere seine Rationalisierung ein ziemlich willkürlicher Vorschlag sei. Die verschiedenen Varianten der C.G.S.-Systeme und die beiden M.K.S.Ω.-Systeme — das rationalisierte und das unrationalisierte — werden gleichermaßen als kohärent und daher von rein theoretischem Standpunkt als vollständig gleichberechtigt betrachtet.

V. Das Kriterium der dimensionellen Kohärenz als allgemeine Grundlage für Maßsysteme

Die Klarstellung und allgemeine Definition der »Kohärenz« erfordert ein Zurückgreifen auf die Grundlagen der Bildung von Maßsystemen. Mathematisch läßt sich unter den im Kapitel II erörterten Voraussetzungen jede meßbare physikalische Größe auf 2 Arten darstellen: entweder durch ein einziges Größensymbol G, oder durch ein algebraisches Zahlenwertsymbol G_n gefolgt von der frei gewählten Einheit $[G]$, mit der man sie gemessen hat.

Aus der allgemeinen Gleichung

$$G = G_n\,[G] \qquad (1)$$

folgt somit, daß sich auch alle physikalischen Gleichungen auf 2 verschiedene Arten schreiben lassen:

entweder als »Größengleichungen« [7], z. B.:

$$W = 1/2\; M\, V^2 \qquad (23)$$

oder als Zahlenwertgleichungen mit beigefügten Einheiten, die wir kurz »Rechengleichungen« nennen wollen, z. B.:

$$W_n[W] = \frac{1}{2} z M_n[M] \cdot V_n^2[V] = k M_n[M] V_n^2[V] \quad . \; . \; (24)$$

Da man mit Größensymbolen alle Rechenoperationen genau so durchführen kann, als ob sie algebraische Zahlen wären, ist es natürlich einfacher, die allgemeinen Rechnungen mit Größengleichungen durchzuführen. Jedoch kann man in der Experimentalphysik durch Messungen bloß Rechengleichungen erhalten, und diese sind durch das Auftreten von »Umrechnungsfaktoren« z benachteiligt, deren Wert nur von der Wahl der Einheiten abhängt. Man findet z. B.

bei Verwendung von Giorgischen Einheiten:

$$W_n \,(\text{Joule}) = 1/2\, M_n \,(\text{kg})\, V_{n1}^2 \,(\text{m/s})^2, \text{ wobei } z_1 = 1 \text{ ist}; \; . \; . \; (25)$$

jedoch bei Einführung einer »freien« Einheit, z. B. von km/h an Stelle von m/s:

$$W_n \,(\text{Joule}) = \frac{1}{2 \cdot (3{,}6)^2} M_n \,(\text{kg})\, V_{n2}^2 \,(\text{km/h})^2, \; . \; . \; . \; . \; (26)$$

$$\text{wobei } z_2 = \frac{1}{(3{,}6)^2} \text{ wird.}$$

Es ist leicht einzusehen, daß jede »freie«, d. h. nicht an ein System gebundene Einheit das Auftreten je eines Umrechnungsfaktors z nach sich zieht.

Auch sei der Vollständigkeit halber noch darauf hingewiesen, daß man, durch Umformung der Gleichung (1), eine Gleichung erhält:

$$G_n = \frac{G}{[G]} \quad . \; . \; . \; . \; . \; . \; . \; . \; . \; . \; . \; . \; (1\text{a})$$

aus der man den Rechengleichungen (24) analog gebaute Gleichungen von Größen und als Divisoren auftretenden Einheiten ableiten kann, wie z. B.

$$\frac{W}{[W]} = \frac{1}{2} \frac{1}{\zeta} \frac{M}{[M]} \frac{V^2}{[V^2]} = k \frac{M}{[M]} \frac{V^2}{[V^2]} \quad . \; . \; . \; . \; . \; (24\text{a})$$

Diese Schreibweise hat Wallot mit dem Namen »zugeschnittene Größengleichungen« eingeführt. Während Rechengleichungen, entsprechend (1) die aufgelöste Form von Größengleichungen darstellen, sind die »zugeschnittenen Größengleichungen«, entsprechend (1a), ihrem Wesensinhalt nach reine Zahlenwertgleichungen. Daher eignen sich die Wallotschen Gleichungen besonders gut für das Rechnen mit freien oder aus mehreren Maßsystemen vermischten Einheiten (sofern man den jeweiligen Faktor ζ kennt), für das Rechnen mit einem kohärenten Einheitensystem sind aber die Rechengleichungen bequemer. Doch weisen beide Schreibweisen den gleichen Nachteil auf, da in ihnen parasitäre, nur von der Wahl der Einheiten abhängige Zahlenfaktoren z, ζ auftreten können, so daß man, wie auch Wallot betont, die Größengleichungen »normen«, d. h. den Wert ihrer Zahlenfaktoren durch willkürliche Übereinkommen festlegen müßte, um die Möglichkeit einer eindeutigen Abstimmung der Einheiten zu gewinnen.

Wir wollen jedoch zeigen, daß man auch einen anderen Weg einschlagen kann.

Man war seit jeher bestrebt, durch geschickte Wahl der Einheiten alle lästigen Umrechnungsfaktoren zu eliminieren, d. h. stets $z = 1$ zu erzielen, wodurch Größen- und Zahlenwertgleichungen zum Übereinstimmen gebracht werden. Dies gelang in der Mechanik einwandfrei, indem man von 3 beliebigen Grundeinheiten, (z. B. für Länge, Zeit und Masse oder Kraft) ausgehend, in den Bestimmungsgleichungen aller anderen Einheiten von Fall zu Fall $z = 1$ setzte. Als Ergebnis erzielte man eine Reihe aufeinander »abgestimmte Einheiten«, die sog. »kohärente« Maßsysteme bilden, wie z. B. das mechanische C.G.S.-System oder das technische m, kilopond, s-System. Eine genauere Definition der Kohärenz oder eine allgemein gültige Kohärenzregel wurden aber nicht aufgestellt.

Die Unzulänglichkeit dieses Verfahrens tritt jedoch bereits an obigem Beispiel in Erscheinung: Die Rechengleichung (26) enthält nämlich außer dem Umrechnungsfaktor z noch einen physikalischen Faktor f (den Integrationsfaktor $f = 1/2$), und beide treten eigentlich nur in der Verbindung $k = f \cdot z$ in Erscheinung. Es wäre aber falsch, würde man statt des Umrechnungsfaktors z den ganzen Proportionalitätsfaktor $k = 1$ setzen, denn dann würde ja auch der Faktor $f = 1/2$ verschwinden.

Leider geschah ähnliches bei der Festlegung der C.G.S.-Einheiten für Elektrizitäts- und Magnetismusmenge, da man die Coulombschen Gleichungen, welche als Bestimmungsgleichungen benutzt wurden, anfangs nur in der unvollständigen Form kannte:

$$P_e = k_e \frac{Q_1 Q_2}{r^2} \quad \text{und} \quad P_m = k_m \frac{\mathfrak{M}_1 \mathfrak{M}_2}{r^2} \quad . \; . \; . \; . \; . \; (27)$$

Indem man $k_e = 1$ und $k_m = 1$ setzte, statt (was Heaviside und Lorentz erst später klarstellten) $k_e = z \dfrac{1}{4\pi\varepsilon}$ und $k_m = z \dfrac{1}{4\pi\mu}$ zu schreiben, wurden nicht nur die physikalischen (geometrischen) Faktoren 4π unterdrückt, sondern auch noch die physikalischen Größen ε und μ, so daß man gezwungen war, nachträglich die Vereinbarungen $\varepsilon_0 = 1$ und $\mu_0 = 1$ einzuführen.

Ein weiteres Eingehen auf die hieraus entstehenden Schwierigkeiten und Mängel der C.G.S.-Systeme erübrigt sich, da auf diese an sich bekannten Verhältnisse im Kapitel III bereits hingewiesen wurde.

Vielmehr wollen wir uns nunmehr der Frage zuwenden, ob sich nicht eine allgemeine Kohärenzregel aufstellen läßt, welche von der Willkür frei ist, die in der $k = 1$-Setzung liegt?

Es ist leider üblich, aus den Rechengleichungen der Form (25, 26) die zugeordneten Einheiten und Indices n wegzulassen, wodurch bedauerliche Verwechslungen von Zahlenwertgleichungen mit Größengleichungen entstehen. Bei näherem Betrachten erkennt man aber, daß ein wichtiger und wesentlicher Unterschied zwischen »freien« Zahlenwertgleichungen und »abgestimmten«, d. h. mit Größengleichungen formal identischen, besteht, leider aber bisher kaum beachtet wurde. Echte, d. h. physikalisch »richtige« Größengleichungen und die entsprechend »abgestimmten« Rechengleichungen lassen sich nämlich stets in 2 unabhängige Gleichungen aufspalten, z. B. Gleichung (25) in eine rein algebraische Zahlenwertgleichung

$$W_n = 1/2\, M_n\, V_{n1}^2 \qquad (28)$$

und eine entsprechende Einheitengleichung

$$1 \text{ Joule} = 1 \text{ kg} \cdot 1 \text{ (m/s)}^2 \qquad (29)$$

Hingegen ergibt die Aufspaltung einer »freien« Rechengleichung, z. B. der Gleichung (26), zwar ebenfalls eine gültige algebraische Zahlenwertgleichung:

$$W_n = \frac{1}{2}\,\frac{1}{3{,}6^2}\, M_n\, V_{n2}^2 \qquad (30)$$

aber keine selbständige Einheitengleichung:

$$1 \text{ Joule} \neq 1 \text{ kg} \cdot 1 \text{ (km/h)}^2 \qquad (31)$$

Um eine gültige Einheitengleichung zu erzielen, muß man vielmehr noch den reziproken Umrechnungsfaktor $\zeta = \frac{1}{z} = (3{,}6)^2$ einfügen; dann erhält man:

$$1 \text{ Joule} = 3{,}6^2 \text{ kg (km/h)}^2 \qquad (32)$$

Die Aufspaltbarkeit einer in Rechenform gegebenen oder experimentell ermittelten physikalischen Gleichung, die einen beliebigen Zahlenfaktor k enthalten möge, in eine den Faktor $k = zf$ enthaltende algebraische Zahlengleichung und eine, ohne Einschaltung irgendeines Zahlenfaktors $\zeta = \frac{1}{z}$ ebenfalls selbständig gültige reine Einheitengleichung ist somit das sichere Kriterium, daß man aus der Rechengleichung, durch einfaches Fortlassen der bezüglichen Einheiten, eine (mit der betreffenden Zahlenwertgleichung formal vollkommen identische) »echte« Größengleichung erhält; ist dies der Fall, so kann der Faktor k nur ein physikalischer Faktor (f) sein und keinen Umrechnungsfaktor z enthalten, es muß also $k = f$ sein.

Da man aber diese Aufspaltbarkeit erst dann kontrollieren kann, wenn alle Einheiten à priori festliegen, können sich Rechengleichungen nicht prinzipiell dazu eignen, als Bestimmungsgleichungen für Einheiten zu dienen.

Greift man nochmals auf die Grundgleichung (1) zurück, so erkennt man jedoch, daß sich Größengleichungen auch allgemein aufspalten lassen, z. B. Gleichung (23) in eine reine Zahlenwertgleichung

$$W_n = 1/2\, M_n\, V_n^2 \qquad (28)$$

und eine allgemeine Einheitengleichung

$$[W] = [M]\,[V]^2 = [M L^2 T^{-2}] \qquad (33)$$

Diese allgemeinen Einheitengleichungen sind unter dem Namen Dimensionsgleichungen bekannt und längst im Gebrauch [8]; da sie gar keine Zahlenfaktoren enthalten (weder physikalische noch Umrechnungsfaktoren), legen sie das Verhältnis aller ableitbaren Einheiten, z. B. von $[W]$ zu den frei wählbaren Grundeinheiten, z. B. zu $[L]$, $[T]$, $[M]$ eindeutig fest (wobei vorerst der »Meßwert« dieser Grundeinheiten selbst noch unbestimmt bleiben kann, z. B. $[L]$ für m, cm, Lichtjahr usw. stehen darf).

Somit eignen sich Dimensionsgleichungen in hervorragendem Maße als Bestimmungsgleichung für die Festlegung abgeleiteter Einheiten. Hieraus ergibt sich folgende einfache Regel der dimensionellen Kohärenz:

Man ordnet den frei wählbaren Grunddimensionen der Größe nach ebenfalls frei wählbare Grundeinheiten zu und bildet alle abgeleiteten Einheiten aus den entsprechenden Dimensionsformeln durch einfaches Einsetzen der Grundeinheiten an Stelle der Grunddimensionen.

So erhält man z. B.:

aus der Dimensionsformel der Energie W

$$[W] = [M L^2 T^{-2}] \qquad (34)$$

durch Substitution der Dimensionen

$$[L],\ [M],\ [T]$$

durch die zugeordneten frei gewählten Grundeinheiten

m, kg, s   oder   cm, g, s

ohne weiteres als dimensionell-kohärente Einheiten der Energie

$$\mathrm{kg\,m^2\,s^{-2}}\ (= \mathbf{1}\ \mathrm{Joule}) \quad \text{oder} \quad \mathrm{g\,cm^2\,s^{-2}}\ (= \mathbf{1}\ \mathrm{erg}) \qquad (35)$$

Alle Maßsysteme, die die Regel der dimensionellen Kohärenz erfüllen, wollen wir kurz D-Systeme nennen. Hierzu gehören, wie sich leicht nachprüfen läßt, alle gebräuchlichen Einheitensysteme der Mechanik, jedoch keines der nicht rationalisierten Systeme der Elektromagnetik, weder die C.G.S.-Systeme noch das elektrotechnische.

Sind aber die zu verwendenden Einheiten untereinander dimensionell kohärent, so kann man etwaige physikalische Zahlenfaktoren f sogar experimentell ermitteln. (Z. B. läßt sich der Faktor $f = 1/2$ im Gesetz des freien Falls nur deshalb auch experimentell richtig ermitteln, weil die hierbei zur Anwendung kommenden Einheiten der gebräuchlichen Maßsysteme der Mechanik dimensionell kohärent sind, wie sich leicht nachprüfen läßt.)

Dies ist ein nicht zu unterschätzender Vorteil, der nur den D-Systemen eigen ist.

Beim Aufbau irgendeines speziellen D-Systems muß man allerdings 4 Bedingungen stets erfüllen:

I. Für die einzelnen Gebiete der Physik darf man die Zahl der zu wählenden Grunddimensionen nicht willkürlich festlegen; sie läßt sich vielmehr aus der Differenz der Zahl der betreffenden unabhängigen Grundgleichungen und der darin enthaltenen verschiedenen Größen eindeutig bestimmen. (Näheres S. 46.)

II. Es müssen selbstverständlich die zu wählenden Grunddimensionen voneinander unabhängig sein.

Für jede physikalische Größe findet man sodann als Dimensionsformel ein eindeutig festliegendes Potenzprodukt der Grunddimensionen.

III. Die Bildung der abgeleiteten D-Einheiten muß ausnahmslos nach der Regel der dimensionellen Kohärenz, d. h. durch Substitution der gewählten Grunddimensionen durch entsprechende, aber wertmäßig frei wählbare Grundeinheiten erfolgen.

Für jede physikalische Größe ergibt sich auf diesem Wege nur je eine D-Einheit in Form eines eindeutig festliegenden Potenzproduktes der Grundeinheiten.

In ihrem Ergebnis ist die Anwendung der Regel der dimensionellen Kohärenz somit gleichwertig mit einer »Abstimmung« der Einheiten aufeinander »im Verhältnis 1 zu 1«, was bereits 1867 von der B.A.A.S. gefordert wurde, vermeidet aber die Unzuverlässigkeit einer solchen Abstimmung.

Will man ein praktisches D-System aufbauen, so muß man demnach als Baugerüst zunächst ein bequemes Dimensionssystem wählen.

IV. Durch die Regel der dimensionellen Kohärenz ist auch das Koordinatensystem des Maßsystems eindeutig festgelegt; man darf nämlich folgerichtig nur ein orthogonales Koordinatensystem als Bezugssystem für D-Einheiten wählen. (Vgl. auch Kap. II, Frage 3.)

Dies läßt sich wie folgt beweisen:

Die Dimension des Volumens, bezogen auf Länge $[L]$ ist:

$$\dim V = [L^3],$$

die dimensionell-kohärente Einheit dementsprechend, bezogen z. B. auf m:

$$\text{Einheit } V = \text{m}^3.$$

Geometrisch-vektoranalytisch läßt sich aber m^3 nur als skalares Produkt aus Vektor m mal Vektorprodukt $[m \cdot m]$ deuten und dieses Produkt kann nur dann den absoluten Wert $|m^3|$ haben, wenn alle 3 Vektoren m aufeinander senkrecht stehen; was zu beweisen war.

Man darf also als dimensionell-kohärente Flächeneinheit nur ein Quadrat (nicht etwa einen Kreis) und als Volumeneinheit nur einen Würfel (nicht etwa eine Kugel) wählen.

Eine Verwendung nicht orthogonaler (z. B. sphärischer) Koordinatensysteme ist somit der Benutzung nicht dimensionell-kohärenter Einheiten gleichzusetzen.

VI. Das Kalantaroffsche $[T\,L\,Q\,\Phi]$-Dimensionssystem und seine Vorzüge

Für jedes Gebiet der Physik ergibt sich, wie bereits erwähnt, die Zahl der erforderlichen Grunddimensionen eindeutig aus der Differenz zwischen der Zahl m der auftretenden Größen und der (stets etwas kleineren) Zahl n der voneinander unabhängigen Gleichungen, die man als ihre Definitionsgleichungen ansehen kann.

Man findet auf diesem Wege, daß $m - n$ zwischen 1 und 4 liegt, und zwar benötigt man bekanntlich:

— 1 Grunddimension für die Geometrie:
man wählt als 1. Grunddimension stets die Länge $[L]$,

— 2 Grunddimensionen für die Kinematik:
man wählt als 2. Grunddimension allgemein die Zeit $[T]$,

— 3 Grunddimensionen für die Mechanik und Energetik:
wobei man für die 3. Grunddimension die Wahl offen ließ zwischen:

Kraft $[P]$ oder Masse $[M]$ oder Energie $[W]$.

Vielfach umstritten blieb jedoch noch bis in die jüngste Zeit die Erkenntnis, daß:

— 4 Grunddimensionen für die Elektromagnetik erforderlich sind, obwohl bereits mehrere Vorschläge vorliegen, eine 4. Grunddimension zu wählen, und zwar

Widerstand $[R]$ oder Elektrizitätsmenge $[Q]$
oder Permeabilitätskoeffizient $[\mu]$.

Die Rolle, welche die Temperatur als scheinbar 5. Grunddimension in der Wärmelehre spielt, soll einstweilen unberücksichtigt bleiben; sie wird im Kap. IX ausführlich behandelt.

Der eindeutige Beweis, daß man in der Tat ohne 4 Grunddimensionen in der Elektromagnetik nicht auskommen kann, ist übrigens recht einfach zu erbringen, da sich, wie Maxwell nachgewiesen hat, sämtliche Gleichungen des Elektromagnetismus auf nur zwei Grundgleichungen zurückführen lassen; diese beiden Gleichungen lauten in rationalisierter Integralform[1]):

$$\text{I.} \quad \oint \mathfrak{H}\, dl = \int \left(\varepsilon \frac{\partial \mathfrak{E}}{\partial t} + \varkappa \mathfrak{E} \right) df \quad \ldots\ldots \quad (36)$$

$$\text{II.} \quad \oint \mathfrak{E}\, dl = -\int \mu \frac{\partial \mathfrak{H}}{\partial t}\, df \quad \ldots\ldots\ldots\ldots \quad (37)$$

Da $\varkappa \mathfrak{E}$ und $\varepsilon \frac{\partial \mathfrak{E}}{\partial t}$ additiv verbunden sind, müssen sie dimensionsgleich sein (wie in Kap. XI, Abschn. C, bewiesen wird); daher bleiben in obigen $n = 2$ Bestimmungsgleichungen, im ganzen $m = 6$ dimensionsverschiedene Größen übrig, nämlich: l, t, $\mathfrak{E}$, $\mathfrak{H}$, ε und μ. Es müssen somit $m - n = 4$ Grunddimensionen frei gewählt werden, um die Dimensionsformeln der übrigen 2 Größen mittels der obigen Gleichungen bestimmen zu können.

Jedoch darf man $[L]$, $[T]$, $[\varepsilon]$ und $[\mu]$ nicht gleichzeitig als Grunddimensionen wählen, da sie voneinander nicht unabhängig sind. Dies hat folgenden Grund: bei Vernachlässigung des zweiten Gliedes der Gleichung (36) entsprechen den beiden Maxwellschen Gleichungen die Dimensionsgleichungen:

$$[\mathfrak{H}]\,[L] = [\varepsilon]\,[\mathfrak{E}]\,[T^{-1}]\,[L^2] \quad \ldots\ldots\ldots \quad (38)$$

$$[\mathfrak{E}]\,[L] = [\mu]\,[\mathfrak{H}]\,[T^{-1}]\,[L^2] \quad \ldots\ldots\ldots \quad (39)$$

Durch Multiplikation von (38) mit (39) erhält man aber

$$[\mathfrak{E}\mathfrak{H}]\,[L^2] = [\varepsilon\mu]\,[\mathfrak{E}\mathfrak{H}]\,[L^2]\,[L^2\,T^{-2}]$$

und somit die Dimensionsgleichung

$$[L^2\,T^{-2}] = [\varepsilon\mu]^{-1}, \quad \ldots\ldots\ldots\ldots \quad (40)$$

welcher bekanntlich die Gleichung der Ausbreitungsgeschwindigkeit elektromagnetischer Wellen entspricht

$$v = \frac{1}{\sqrt{\varepsilon\mu}} \quad \ldots\ldots\ldots\ldots \quad (41)$$

[1]) Man könnte natürlich auch von der Differentialform ausgehen, müßte aber für die Durchführung der folgenden dimensionellen Untersuchung noch zusätzlich beachten, daß die rot bzw. allgemein der Operator $\nabla = \lim\limits_{V \to 0} \frac{\int_F \cdot dF}{V}$ selbst eine Dimension $[L^{-1}]$ hat.

Folglich sind $[L]$, $[T]$, $[\varepsilon]$ und $[\mu]$ nicht voneinander unabhängig und dürfen daher nicht gleichzeitig als Grunddimensionen gewählt werden.

Andererseits findet man durch Division von (38) durch (39) die Dimensionsgleichung

$$[\mathfrak{H}^2 \mathfrak{E}^{-2}] = [\varepsilon \mu^{-1}], \qquad (42)$$

welcher ebenfalls eine physikalische Gleichung entspricht, nämlich

$$\frac{\mathfrak{H}}{\mathfrak{E}} = \sqrt{\frac{\varepsilon}{\mu}} \qquad (43)$$

Auch $[\mathfrak{E}]$, $[\mathfrak{H}]$, $[\varepsilon]$ und $[\mu]$ können somit nicht gleichzeitig als Grunddimensionen gewählt werden.

Erfüllt werden diese Bedingungen tatsächlich:

— vom elektrischen C.G.S.-System
mit $[L, T, M$ und $\varepsilon]$ als Grunddimensionen,

— vom magnetischen C.G.S.-System
mit $[L, T, M$ und $\mu]$ als Grunddimensionen,

— und vom Giorgischen M.K.S.O.-System
mit $[L, T, M$ und $R]$ als Grunddimensionen.

Nicht erfüllt werden sie jedoch:

— vom Gaußschen Maßsystem,
da es $[L, T, M, \varepsilon$ und $\mu]$ als Grunddimensionen hat.

Die willkürliche Festsetzung von $\varepsilon_0 = 1$ und $\mu_0 = 1$ hatte zur Folge, daß man gezwungen war, in die Gleichung (41) und dementsprechend auch in die beiden Maxwellschen Gleichungen zum Ausgleich eine Konstante c mit der Dimension $[L T^{-1}]$ und dem Wert $c = v_0$ einzufügen; daher nehmen die Rechengleichungen (36), (37) und (41), die für die ersten drei Systeme in gleicher Form gelten, im Gaußschen nicht rationalisierten System die Form an

$$\oint \mathfrak{H}\, dl = \frac{1}{c} \int \left(\varepsilon \frac{\partial \mathfrak{E}}{\partial t} + 4 \pi \varkappa \mathfrak{E} \right) df \qquad (44)$$

$$\oint \mathfrak{E}\, dl = -\frac{1}{c} \int \mu \frac{\partial \mathfrak{H}}{\partial t}\, df \qquad (45)$$

$$v = \frac{c}{\sqrt{\varepsilon \mu}} \qquad (46)$$

Die Gleichung (46) ist auch in dieser Form aus den Maxwellschen Gleichungen (44) und (45) ableitbar, was sich durch Multiplikation der entsprechenden Dimensionsgleichungen nachprüfen läßt, wobei man für c als Dimension zunächst $[c]$ einsetzen muß.

Würde man also annehmen, daß c eine selbständige physikalische Konstante sei (eine Ansicht, die Andronescu und andere Autoren [6a] noch in jüngster Zeit vertreten haben), so hätte man allerdings in den $n = 2$ unabhängigen Maxwellschen Grundgleichungen (44) und (45) $m = 7$ verschiedene Größen und müßte daher $m - n = 5$ Grunddimensionen frei wählen, was im Gaußschen Maßsystem tatsächlich der Fall ist.

Übrigens hat J. Fischer [3b] die »naive« Frage gestellt, warum die Konstante c in beiden Maxwellschen Gleichungen die gleiche sein muß, und nachgewiesen, daß man eigentlich zwei verschiedene Konstanten c_1 und c_2 einführen könnte, dann aber 6 Grunddimensionen wählen müßte.

Geschichtlich ging die Entwicklung allerdings anders. Maxwell bediente sich nämlich des bereits festliegenden Gaußschen Systems mit $\varepsilon_0 = 1$ und $\mu_0 = 1$, mußte also bei der Aufstellung seiner beiden Gleichungen vorerst einen Proportionalitätsfaktor c mit hineinnehmen und wurde gerade durch die Entdeckung, daß für c der Wert der Lichtgeschwindigkeit auftrat, auf den Zusammenhang des Lichtes mit elektromagnetischen Wellen aufmerksam, noch ehe die Gleichung $v = c\,(\sqrt{\varepsilon\mu})^{-1}$ bekannt war.

So kam es, daß der Ausgleichsfaktor c eine historisch wichtige Rolle gespielt hat.

Nichtsdestoweniger erweist sich bei genauer Betrachtung c als rein parasitärer Faktor, da das Auftreten von $c = v_0$ in den Gl. (44), (45) und (46) unverständlich bleibt und erst durch sein Verschwinden der physikalische Sinn der Maxwellschen und aller übrigen Gleichungen der Elektromagnetik eindeutig klar in Erscheinung tritt.

Von den gewöhnlichen Umrechnungsfaktoren, welche dimensionslose Zahlenfaktoren sind (deren parasitäre Existenz nur auf nicht dimensionell-kohärenter Abstimmung abgeleiteter Einheiten auf die zugeordneten Grundeinheiten beruht), unterscheidet sich der Ausgleichsfaktor c dadurch, daß er mit der Dimension $[c] = [L\,T^{-1}(\varepsilon^{1/2}\,\mu^{1/2})]$ behaftet ist, was darauf zurückzuführen ist, daß er seine Existenz einer fälschlich zu groß gewählten Zahl der Grunddimensionen verdankt.

Ähnlich wie man unter den physikalischen Faktoren zwei Abarten, mathematische und geometrische, unterscheiden kann, muß man also unter den parasitären Faktoren zwischen dimensionslosen Umrechnungsfaktoren und dimensionsbehafteten Ausgleichsfaktoren unterscheiden.

Die Unhaltbarkeit der Beibehaltung dieser »Dimensionskonstanten« c sowie der Wahl von 5 Grundeinheiten cm, g, s, ε und μ_0 beweist übrigens unbestreitbar der bereits erwähnte Umstand, daß sich das Gaußsche C.G.S.-System sozusagen von selbst in zwei unabhängige 4dimensionale Systeme aufspaltet, da es keine Einheit gibt, die gleichzeitig ε_0 und μ_0 enthält (vgl. Tabelle VII und IX); die beiden Spaltsysteme, das elektrische cm-, g-, s-, ε_0-System und das magnetische cm-, g-, s-, μ_0-System, ließen sich hingegen beide zu vollständigen Einheitensystemen ergänzen. Daß hernach als Verhältnis zwischen einer elektrischen und der entsprechenden wesensgleichen magnetischen Einheit (bei Vernachlässigung der Dimensionen von $\varepsilon_0 = 1$ und $\mu_0 = 1$) bekanntlich die dimensionsbehaftete Konstante $c = v_0 = 3.10^{10}\,\text{cm}\,\text{s}^{-1}$ auftritt, ist sogar ein physikalischer Nonsens, denn das Verhältnis zweier wesensgleicher Einheiten kann doch unter allen Umständen nur eine reine Zahl sein. Damit ist aber ein unzweideutiger Beweis erbracht, daß das ganze auf die Einführung von c aufgebaute Dimensions- und Einheitensystem unhaltbar ist[1]).

Es steht also fest, daß man für die Elektromagnetik weder 3 noch 5 Grunddimensionen wählen darf, sondern 4 Grunddimensionen wählen muß. Denn mit nur 3 Dimensionen kommt man nicht aus, ohne die physikalisch unhaltbaren Annahmen entweder ε oder μ sei dimensionslos, hingegen zieht die Überbestimmung durch 5 Dimensionen das Auftreten eines physikalisch sinnlosen Ausgleichsfaktors c nach sich.

Versucht man aber die Forderung nach einer 4. Grunddimension, von der Mechanik ausgehend, durch Erweiterung des klassischen $[L\,T\,M]$-Systems durch Hinzufügen einer 4. Dimension zu befriedigen, so erweist sich der Umstand, daß die Masse in der Elektromagnetik so gut wie gar keine Rolle spielt, als ein schwerwiegender Nachteil. Auch ergeben sich teilweise gebrochene Exponenten (s. Tabelle IV).

Geht man hingegen von der Elektrizitäts- und Magnetismuslehre selbst aus und beachtet man den symmetrischen Bau, der in den beiden Maxwellschen Grundgleichungen (36) und (37) in Erscheinung tritt, so scheint es unbedingt vorteilhafter, bloß $[L]$ und $[T]$ festzuhalten, als 3. und 4. Grunddimension aber je eine elektrische und eine entsprechende magnetische Größe zu wählen, etwa $[\mathfrak{E}]$ und $[\mathfrak{H}]$.

Diesen Weg beschritt Kalantaroff [5], er wählt aber nicht $[\mathfrak{E}]$ und $[\mathfrak{H}]$, sondern Elektrizitätsmenge $[Q]$ und magnetischen Fluß $[\Phi]$; das Kalantaroffsche elektromagnetische Dimensionssystem hat mithin:

die 4 Grunddimensionen $[L]$, $[T]$, $[Q]$ und $[\Phi]$. . . (47)

---

[1]) Manche Autoren haben die These, daß nicht nur die Wahl sondern auch die Zahl der Grunddimension willkürlich festlegbar sei, auf den Hinweis zu stützen versucht, man könne auch aus der Newtonschen Gravitationsgleichung $F = \gamma \frac{M_1 M_2}{r^2}$ γ eliminieren, d. h. $\gamma = 1$ setzen, wobei γ als Universalkonstante die gleiche Rolle spiele wie c; dann ließen sich unter Zuhilfenahme der Gleichung $F = b\,m$ sämtliche mechanischen Größen durch lediglich 2 Grunddimensionen $[L]$ und $[T]$ erfassen. Physikalisch ist aber die Annahme, γ sei dimensionslos ebensowenig zulässig, wie die Annahmen ε oder μ seien dimensionslos, da in γ ähnlich wie in ε und μ der Einfluß des Mediums zum Ausdruck kommt.

Die Ermittlung der »abgeleiteten« Dimensionsformeln aller übrigen Größen der Elektromagnetik und Mechanik macht gar keine Schwierigkeiten. Es ist nicht etwa notwendig auf irgendwelche grundlegenden Definitionsgesetze zurückgreifen, sondern man kann sich als Bestimmungsgleichungen irgendeiner physikalisch gültigen Größenbeziehung bedienen, die auch rein empirisch gefunden sein kann oder sogar bloß einen Spezialfall darstellen mag. Wesentlich ist nur, daß sie außer der Größe, deren Dimensionsformel bestimmt werden soll, nur noch Größen mit bereits anderweitig ermittelten Dimensionsformeln enthalten dürfen. Welchen Bestimmungsweg man wählt, ist somit gleichgültig; man findet für jede Größe stets dieselbe, eindeutige Dimensionsformel. Folgende Beispiele mögen dies erweisen:

Es ist

$$\dim I = \dim \frac{dQ}{dt} = [Q\,T^{-1}] \quad \text{und} \quad \dim U = \dim \frac{d\Phi}{dt} = [\Phi\,T^{-1}],$$

daher

$$\dim W = \dim U \cdot I \cdot t = [Q\Phi\,T^{-1}] \quad \text{und} \quad \dim P = \dim \frac{W}{l} = [Q\Phi\,T^{-1}L^{-1}],$$

somit wegen

$$P_e = \frac{Q_1 Q_2}{4\pi\varepsilon r^2}, \quad \dim \varepsilon = \dim \frac{Q^2}{4\pi P r^2} = [Q\,\Phi^{-1}\,L^{-1}\,T]$$

und wegen

$$P_m = \frac{\Phi_1 \Phi_2}{4\pi\mu r^2}, \quad \dim \mu = \dim \frac{\Phi^2}{4\pi P r^2} = [Q^{-1}\,\Phi\,L^{-1}\,T].$$

Anderseits ist

$$\dim \mathfrak{E} = \dim \operatorname{grad} U = [\Phi\,T^{-1}L^{-1}] \quad \text{und} \quad \dim \mathfrak{D} = \dim \frac{Q}{F} = [Q\,L^{-2}],$$

daraus folgt, wegen

$$\mathfrak{D} = \varepsilon\,\mathfrak{E}, \quad \dim \varepsilon = \dim \frac{\mathfrak{D}}{\mathfrak{E}} = [Q\,\Phi^{-1}\,L^{-1}\,T];$$

ferner wegen

$$\oint \mathfrak{H}\,dl = n\,I, \quad \dim \mathfrak{H} = [Q\,T^{-1}L^{-1}] \quad \text{und} \quad \dim \mathfrak{B} = \dim \frac{\Phi}{F} = [\Phi\,L^{-2}],$$

daraus folgt, wegen

$$\mathfrak{B} = \mu\,\mathfrak{H}, \quad \dim \mu = \dim \frac{\mathfrak{B}}{\mathfrak{H}} = [Q^{-1}\,\Phi\,L^{-1}\,T].$$

Man beachte auch, daß sich an den Ergebnissen nichts ändert, wenn man die Bestimmungsgleichungen in irrationaler Form, also die Coulombschen Gleichungen ohne 4π, hingegen etwa $\oint \mathfrak{H}\,dl = 0{,}4\,\pi\,n\,I$ ansetzen würde, da alle reinen Zahlenfaktoren (wie 4π usw.) auf die Dimensionsformeln ohne Einfluß bleiben.

Die ähnlich ermittelten Dimensionsformeln der wichtigsten elektromagnetischen und mechanischen Größen sind in den Tabellen IV und V zusammengefaßt. Wie ein Blick auf diese Tabelle lehrt, ist das $[L\,T\,Q\,\Phi]$-System durch besonders einfache und klare Dimensionsformeln ausgezeichnet, deren prägnantester Vorteil darin liegt, daß sie vollkommen frei von gebrochenen Exponenten sind.

Ferner besteht, wie bereits Kalantaroff nachgewiesen hat, eine beachtenswerte Analogie nicht nur zwischen den Dimensionen elektrischer und magnetischer Größen, was dem Aufbau der Elektromagnetik auf die beiden Maxwellschen Gleichungen entspricht, sondern es treten noch außerdem interessante Analogien zu den Dimensionsformeln energetischer Größen in Erscheinung, wie aus Tabelle VI hervorgeht[1].

Für das von uns verfolgte Ziel, ein Dimensionssystem als Grundlage für den Aufbau eines dimensionell kohärenten Maßsystems zu benutzen, weist das Kalantaroffsche System aber noch eine weitere wertvolle Eigenschaft auf. Bei näherem Betrachten der Dimensionsformeln dieses Systems erkennt man nämlich,

— daß bei elektrischen und magnetischen Größen $[Q]$ und $[\Phi]$ entweder allein vorkommen, oder als Brüche $[Q\,\Phi^{-1}]$ und $[Q^{-1}\,\Phi]$,

— daß hingegen bei energetischen Größen nur das Produkt $[Q\,\Phi]$ vorkommt.

Beachtenswert ist, daß dieses Produkt $[Q\,\Phi]$ gerade die Dimension der Planckschen Wirkungsgröße h ist; denn es entspricht:

— der Planckschen Energiequantenbeziehung $q = h\nu$ . . (48)

— die Dimensionsgleichung $[Q\,\Phi\,T^{-1}] = [Q\,\Phi] \cdot [T^{-1}]$ . . (48a)

Man fühlt sich sofort versucht, nach der physikalischen Existenzberechtigung einer Beziehung zwischen Planckschem Wirkungsquantum h, Elektrizitätsquantum e und gequanteltem magnetischen Fluß φ zu forschen:

— denn es würde der Dimensionsgleichung $[Q\,\Phi] = [Q] \cdot [\Phi]$ (49)

— eine Quantengleichung entsprechen $h = e \cdot \varphi$ . . . . . (49a)

---

[1]) Tabelle VI zeigt auch die Möglichkeit der Bildung und Einführung neuer Größenbegriffe. Auffallend ist ferner, daß $\mathfrak{E}$ als magnetische und $\mathfrak{H}$ als elektrische Größe erscheinen, die erst durch ε bzw. μ in die elektrische Größe $\mathfrak{D} = \varepsilon\,\mathfrak{E}$ und in die magnetische $\mathfrak{B} = \mu\,\mathfrak{H}$ verwandelt werden, was übrigens schon in der Gleichung (43) $\frac{\mathfrak{H}^2}{\mathfrak{E}^2} = \frac{\varepsilon}{\mu}$ in Erscheinung trat. Damit ist auch ein alter Streit endgültig entschieden, nämlich erwiesen, daß zwischen $\mathfrak{E}$ und $\mathfrak{D}$, $\mathfrak{H}$ und $\mathfrak{B}$ nicht nur ein wertmäßiger, sondern auch ein prägnanter wesensmäßiger Unterschied besteht.

Für den Zusammenhang zwischen Dimensions- und Maßsystemen wertvoll ist jedoch lediglich die Feststellung, daß sich das 4dimensionelle $[LTQ\Phi]$-System für das Gebiet der Mechanik auf

ein 3dimensionelles, das $[LTH]$-System (50)

zusammenziehen läßt, wenn man

die Wirkungsgröße $[Q\Phi] = [H]$ als Pseudo-Grunddimension

einführt.

Auch haben im $[LTH]$-System die mechanischen Größen sehr einfache und klare Dimensionsformeln; besonders sei auf die Zuordnung von Energie $[Q\Phi T^{-1}]$ und Impuls $[Q\Phi L^{-1}]$ hingewiesen, die im Kalantaroffschen System klarer in Erscheinung tritt als in irgendeinem anderen System (s. Tabelle V).

Durch die Einführung von $[H]$ an Stelle von $[Q\Phi]$ wird vermieden, Elektrizitätsmenge Q und magnetischen Fluß Φ in die Mechanik als Grundgrößen aufzunehmen, da sie in diesem Gebiet der Physik noch weniger eine Rolle spielen als die Masse M in den elektromagnetischen Erscheinungen. Beachtet man ferner den engen dimensionellen Zusammenhang zwischen Wirkungsgröße $[H] = [Q\Phi]$ und Energie $[W] = [Q\Phi T^{-1}]$, so läßt sich das elektromagnetische $[LTQ\Phi]$-System auch auf

das energetische $[LTW]$-System (50a)

zurückführen, welches für den Bereich der Mechanik und Energetik selbst dem $[LTM]$-System vorzuziehen ist[1]).

Nimmt man diesen Standpunkt ein, dann hat man die Erweiterung des für die Mechanik ausreichenden 3dimensionellen $[LTH]$- oder $[LTW]$-Systems nicht durch Hinzufügen einer 4. Grunddimension zu bewerkstelligen, sondern man erzielt die für die Elektromagnetik notwendigen 4 Grunddimensionen $[L]$, $[T]$, $[Q]$, $[\Phi]$ durch

Aufspalten von $[H]$ in die Bestandteile $[Q]$ und $[\Phi]$. (51)

Hiermit erscheint zur Genüge erwiesen, daß sich das $[LTQ\Phi]$-System vorzüglich eignet, als Grundlage zum Aufbau eines dimensionell kohärenten Maßsystems zu dienen.

---

[1]) Denn der Begriff Masse ist nicht eindeutig, sondern eigentlich dreideutig: träge Masse $\left(P = M \frac{d^2 l}{d t^2}\right)$, Gravitationsmasse $\left(P = \gamma \frac{M_1 M_2}{4 \pi r^2}\right)$ und chemische Masse = Materiemenge. Einen Beweis für die Identität von träger und Gravitationsmasse brachte das Gedankenexperiment eines in gravitationsfreiem Raume gleichmäßig-beschleunigt bewegten Laboratoriums. Doch kann diese Beweisführung nicht als stichhaltig gelten, da sie die Abhängigkeit der trägen Masse von der Geschwindigkeit nicht berücksichtigt. Aus dem gleichen Grunde erscheint die Identität zwischen träger Masse und Materiemenge fragwürdig.

VII. Die dimensionelle Kohärenz zwischen dem Kalantaroffschen Dimensionssystem und dem Giorgischen Einheitensystem

Hat man die Dimensionsformeln aller mechanischen, elektrischen und magnetischen Größen ermittelt, so ist es ein leichtes, aus ihnen praktische Einheiten abzuleiten. Hierzu genügt es, entsprechend der Regel der dimensionellen Kohärenz, systematisch

an Stelle der frei gewählten Grunddimensionen: (52)

$$[L],\ [T],\ [Q],\ [\Phi] \quad \text{bzw.} \quad [H] \doteq [Q\Phi]$$

die speziellen Grundeinheiten zu setzen: (53)

Meter, Sekunde, Coulomb (= As), Weber (= Vs), bzw. (Planck =) Js.

Man findet auf diesem Wege sämtliche Einheiten des rationalisierten Giorgischen M.K.S.Ω-Systems wieder, das somit mit dem praktischen, dimensionell kohärenten V,- A-, m-, s-System vollkommen identisch ist, wie aus den Tabellen VII und VIII hervorgeht.

Es sei nochmals hervorgehoben, daß nach Wahl der Grundeinheiten alle abgeleiteten Einheiten eindeutig feststehen, sobald man die Regel der dimensionellen Kohärenz streng einhält, da die Dimensionsformeln (zum Unterschied von den klassischen Bestimmungsgleichungen) keine Zahlenfaktoren enthalten. Ein Problem der Rationalisierung kann somit bei Anwendung der Regel der dimensionellen Kohärenz gar nicht auftauchen.

Man erkennt nämlich leicht, daß das nicht rationalisierte Giorgische M.K.S.Ω-System, also auch das entsprechende magnetische C.G.S.-System sowie das elektrische C.G.S.-System, das Kriterium der dimensionellen Kohärenz nicht erfüllen.

Das rationalisierte Giorgische Maßsystem hingegen erfüllt die Regel der dimensionellen Kohärenz. Es muß somit von selbst zu Zahlenwertgleichungen führen, welche in ihrer Form mit Größengleichungen vollkommen übereinstimmen und daher mit diesen unbedenklich verwechselt werden können (was bekanntlich bei Anwendung der C.G.S.-Einheiten oder sonstiger nicht rationalisierter Systeme nicht der Fall war). Auch der Faktor 4π tritt somit zwangläufig nur an »richtigen« Stellen auf. Hierin liegt eine so wertvolle Bequemlichkeit für das Rechnen, daß diese Überlegenheit des rationalen Kalantaroff-Giorgischen Maßsystems allein Grund genug wäre, um es an Stelle der überlebten C.G.S.-Systeme zum alleinigen Gebrauch in Theorie und Praxis zuzulassen.

Darüber hinaus ergeben sich aus dieser Vereinigung des Kalantaroffschen Dimensionssystems mit dem rationalisierten Giorgischen Einheitensystem zu einem einzigen dimensionell-kohärenten Maßsystem noch eine ganze Reihe wertvoller theoretischer und praktischer Vorteile:

a) Die bereits erwähnten Symmetrien zwischen den [$LTQ\Phi$]-Dimensionsformeln elektrischer, magnetischer und energetischer Größen treten auch in den entsprechenden m-, s-, A-, V-Einheiten in Erscheinung, was ein wesentlicher Vorteil gegenüber den C.G.S.-Dimensions- und Einheitenformeln ist.

b) Als abgeleitete Einheiten treten nur ganzzahlige Potenzprodukte der Grundeinheiten m, s, A, V auf, während in den C.G.S.-Systemen bekanntlich die Grundeinheiten cm, g, s, ε_0 und μ_0 mit sehr lästigen gebrochenen Exponenten behaftet in den elektrischen und magnetischen, abgeleiteten Einheiten auftreten.

c) Für die Mechanik lassen sich, der Ascolischen Regel entsprechend, an Stelle von m, s und Joule (= VAs) unbedenklich auch m, kg, s als Grundeinheiten ansehen, so daß das Giorgische System bis auf 10er Potenzen mit dem C.G.S.-System in der Mechanik identisch ist.

d) Der größte Teil der Giorgischen Einheiten ist bereits in der Praxis gut eingebürgert und führt eigene Namen (von Wissenschaftlern), während die größtenteils namenlosen C.G.S.-Einheiten (vgl. Tabelle VII, VIII, IX und X) sogar aus der theoretischen Physik allmählich durch die entsprechenden »praktischen« VAms-Einheiten verdrängt werden (man denke z. B. an Volt, Elektronenvolt usw.).

Für die Elektromagnetik liegen mit:

Coulomb, Weber, Ohm, Siemens, Farad und Henry,

die in das Kalantaroff-Giorgische Maßsystem unverändert eingehen, überhaupt alle erforderlichen Einheiten und Namensbezeichnungen fest; es erübrigt sich nämlich, besondere Namen einzuführen für die Einheiten von:

$\mathfrak{E}$ (Volt/m), $\mathfrak{H}$ (Ampere/m), $\mathfrak{D}$ (Coulomb/m^2), $\mathfrak{B}$ (Weber/m^2).

Denn neue Namen würden nur die Klarheit dieser Einheitenbezeichnungen verdunkeln.

Recht angenehm ist es, daß auch für die Dielektrizitäts- und Permeabilitätskoeffizienten, wie bereits erwähnt, im Kalantaroff-Giorgischen Maßsystem zwangläufig eigene Einheiten auftreten. Um die allgemeine Aufmerksamkeit zu erregen und hervorzuheben, daß es physikalisch unmöglich ist, ε und μ als reine Zahlen anzusehen, wäre es hier aber vielleicht angebracht, besondere neue Namen einzuführen für

ε: Farad/m = dil und μ: Henry/m = perm.

In der Mechanik liegen ebenfalls die wichtigen Einheiten für Masse, Energie und Leistung fest, nämlich

Kilogramm, Joule und Watt.

Es ließ sich hingegen leider nicht vermeiden, noch einige neue Einheiten und Namenbezeichnungen einzuführen. Bereits international festgelegt (durch den I.E.C.-Beschluß von Torquay 1938) ist die Kalantaroff-Giorgische

Kraft-Einheit:

$$1 \text{ Newton} = 1 \text{ Joule}\,\text{m}^{-1} = 1\,\text{kgms}^{-2}$$
$$= 10^5 \text{ dyn (1 pentadyn)} = \frac{1}{9{,}81} \text{ kilopond.}$$

Es würde sich ferner empfehlen, noch drei neue Einheiten und Namen festzulegen, und zwar sei vorgeschlagen:
als Impuls-Einheit:

$$1 \text{ Leibniz} = 1 \text{ Newton} \cdot \text{s} = 1\,\text{kms}^{-1} = \frac{1}{9{,}81}\,\text{kp} \cdot \text{s}$$

als Wirkungsgrößen-Einheit:

$$1 \text{ Planck} = 1 \text{ Joule} \cdot \text{s} = 1\,\text{kgm}^2\,\text{s}^{-1} = \frac{1}{9{,}81}\,\text{kp} \cdot \text{m} \cdot \text{s}$$

als Druck-Einheit:

$$1 \text{ Giorgi} = 1 \text{ Newton}\,\text{m}^{-2} = 1 \text{ Joule}\,\text{m}^{-3} = 0{,}987 \cdot 10^{-5} \text{ Atm}$$
$$= 10 \text{ dyn}\,\text{cm}^{-2} = 10^{-5} \text{ Bar} = 1{,}02 \cdot 10^{-5} \text{ at.}$$

Auch ist das pentagiorgi $= 10^5$ Giorgi, als Mittelwert zwischen physikalischer Atm. und technischer at, eine praktische Einheit, die, mit dem kurzen Namen peg versehen, leicht die beiden Atmosphären-Einheiten verdrängen könnte.

e) Alle Einheiten des Kalantaroff-Giorgischen Maßsystems sind recht handlich und dem täglichen Gebrauch der Technik gut angepaßt, was bei den C.G.S.-Einheiten nicht der Fall ist, ein Umstand, der bereits 1866 das V, A, m, s-System ins Leben rief. Übrigens müssen sowohl das V, A, m, s-System, als auch das cm, g, s-System in Atomistik und Astronomie zu hohen negativen bzw. positiven 10er Potenzen als Vielfache der entsprechenden D-Einheiten greifen, ein Nachteil, der sich durch Festlegung geeigneter Präfixe umgehen ließ; darauf wurde bereits in der geschichtlichen Einleitung hingewiesen.

f) Von den 4, zur genauen Festlegung des Wertes sämtlicher Einheiten jedes D-Systems erforderlichen Ureichmaßen, sind bereits:

3 Ureichmaße: kg und m von Sèvres und Normalsekunde seit 1889 international festgelegt und passen genau zu entsprechenden Einheiten des Kalantaroff-Giorgischen Maßsystems.

Es ist also nur noch die Festlegung eines 4. Ureichmaßes erforderlich, worauf wir später ausführlicher zu sprechen kommen werden.

g) Auch ist die Umrechnung von Zahlenwertgleichungen aus C.G.S.- bzw. technischen Einheiten in solche mit Giorgischen Einheiten gut durchführbar, wenn man sich der Tabellen IX und X bedient (deren Aufbau sich an einen Vorschlag von Prof. Wallot [7] anlehnt).

Bei der Verwendung dieser Tabellen ist folgendes zu beachten:

α) Es ist allgemein üblich, für die Zahlenwerte gleicher Größen G ohne Rücksicht auf die zugehörigen Einheiten (g_a, g_n usw.) auch stets die gleichen Zahlensymbole G zu verwenden, obwohl z. B. G_a und G_n zwei verschiedene algebraische Zahlen sind, die im Verhältnis $1 : m$ stehen, wenn die zugehörigen Einheiten g_a und g_n im Verhältnis $m : 1$ stehen. Den einzigen formalen Unterschied einander entsprechender Zahlenwertgleichungen bilden somit die verschiedenen Umrechnungsfaktoren (4π, c usw.), in welchen die Abhängigkeit der Zahlenwerte von den zugehörigen Einheiten in Erscheinung tritt. Die Umrechnung algebraischer Zahlenwertgleichungen läuft also auf die Umrechnung der von der Wahl der Einheiten abhängigen Zahlenfaktoren hinaus.

β) Wie erwähnt (siehe S. 41) erhält man nach Wallot [3j] (sofern die Form der Größengleichungen festliegt) allgemein:

aus jeder Größengleichung, z. B.:

$$W = 1/2\, M\, V^2$$

durch Division durch eine entsprechende Einheitengleichung, z. B.:

$$1 \text{ joule} = 3{,}6^2 \text{ kg} \cdot \text{km/h}^2$$

auf dem Wege über eine »zugeschnittene Größengleichung«, z. B.:

$$\frac{W}{\text{joule}} = \frac{1}{2}\, \frac{1}{3{,}6^2}\, \frac{M}{\text{kg}}\, \frac{V}{\text{km}^2/\text{h}^2}.$$

stets eine »gültige« Zahlenwertgleichung, z. B.:

$$W_n = \frac{1}{2}\, \frac{1}{3{,}6^2}\, M_n V_n^2.$$

Umgekehrt erhält man auch aus einer gültigen Zahlenwertgleichung durch Multiplikation mit der ihr entsprechenden Einheitengleichung stets eine richtige Größengleichung.

Man erhält somit aus einer »alten« Zahlenwertgleichung durch Multiplikation mit dem Verhältnis $\frac{\text{»alte« Einheitengleichung}}{\text{»neue« Einheitengleichung}}$ eine gültige »neue« Zahlenwertgleichung.

Unter Beachtung des Umstandes, daß die in den Einheitengleichungen enthaltenen Umrechnungsfaktoren ζ (z. B. $3{,}6^2$) in den entsprechenden Zahlenwertgleichungen als Proportionalitätsfaktoren mit dem umgekehrten Wert $z = \frac{1}{\zeta}$ auftreten, wie ein Vergleich von (32) und (26a) zeigt, läßt sich folgende praktische Umrechnungsregel ableiten:

Die Proportionalitätsfaktoren p_n der Zahlenwertgleichung in »neuen« Einheiten ergeben sich aus der Multiplikation der Proportionalitätsfaktoren p_a in »alten« Einheiten mit den als Umrechnungsfaktoren auftretenden Verhältniszahlen

$$m = \frac{\text{»neue« Einheit}}{\text{»alte« Einheit}}$$ [1].

γ) Wie bereits im Abschnitt über die Grundlagen der Maßsysteme hervorgehoben wurde, bilden die einer gegebenen Zahlenwertgleichung zugeordneten »alten« Einheiten im allgemeinen keine selbständige Gleichung, sofern es sich nicht um D-Einheiten handelt. Auch die entsprechenden Umrechnungsfaktoren, mit welchen die »alte« Zahlenwertgleichung multipliziert werden muß, um die »neue« Zahlenwertgleichung zu erhalten, bilden an und für sich keine Gleichung.

δ) Hingegen bilden die Dimensionsformeln jeder physikalisch richtigen Zahlenwertgleichung eine selbständige Gleichung, und dementsprechend bilden auch die zugehörigen D-Einheiten stets eine physikalisch richtige Gleichung.

ε) Während in »alten« C.G.S.- oder technischen Einheiten ausgedrückte Zahlenwertgleichungen im allgemeinen nicht gleich Größengleichungen sind, ergibt die Umrechnung in D-Einheiten stets Zahlenwertgleichungen, welche mit Größengleichungen identisch sind, was durch Abspaltbarkeit der selbständigen D-Einheitengleichungen bestätigt wird.

In der Mechanik spielen Umrechnungen von Zahlenwertgleichungen nur eine untergeordnete Rolle, da alle üblichen Maßsysteme dimensionell kohärent sind.

In der Elektromagnetik liegen die Verhältnisse hingegen anders: Die »alten« in nicht dimensionell kohärenten C.G.S.-Einheiten ausgedrückten Zahlenwertgleichungen enthalten einige parasitäre Proportionalitätsfaktoren, deren Beseitigung durch Umrechnung in »neue« dimensionell kohärente, z. B. in Giorgische Einheiten erzielt wird.

Als Beispiel sei die Energiedichte eines elektromagnetischen Feldes zu berechnen.

---

[1]) Als Faustregel kann man sich merken:

$$\text{»alte« Zahlwertgl.} \times \text{Umrechenfakt.} \frac{\text{»neue« Einheiten}}{\text{»alte« Einheiten}} = \text{»neue« Zahlwertgl.}$$

Mißt man die Energie W in erg, das Volumen V in cm^3, die Feldstärken $\mathfrak{E}$ und $\mathfrak{H}$ in magnetischen C.G.S.-Einheiten, hält jedoch am klassischen Übereinkommen $\varepsilon_0 = 1$ und $\mu_0 = 1$ fest, so gilt die Zahlenwertgleichung

$$\text{(a)} \qquad \frac{W_a}{V_a} = \frac{\varepsilon_a \mathfrak{E}_a^2}{8\pi \cdot c^2} + \frac{\mu_a \mathfrak{H}_a^2}{8\pi}.$$

Die zugehörigen Einheiten sind (s. Tab. IX u. X)

$$\text{(b)} \qquad \mathrm{gcm^2\, s^{-2} \cdot cm^{-3}} \neq \varepsilon_0 \cdot (\mathrm{cm^{1/2}\, g^{1/2}\, s^{-2}})^2 + \mu_0 \cdot \mathrm{Oersted}^2.$$

Wie erwartet, bilden diese Einheiten keine Gleichung.

Die entsprechenden Umrechnungsfaktoren $m = \frac{\text{»neue« Einheit}}{\text{»alte« Einheit}}$, die man den Tabellen IX und X entnimmt, bilden die Ungleichung

$$\text{(c)} \qquad 10^7 \cdot 10^{-6} \neq 4\pi c^2\, 10^{-11} \cdot (10^6)^2 \cdot + \frac{1}{4\pi} 10^7 \cdot (4\pi \cdot 10^{-3})^2.$$

Die Zusammenfassung dieser Umrechnungsfaktoren ergibt die Proportionalitätsfaktoren-Ungleichung der $\frac{\text{»neuen« Einheiten}}{\text{»alten« Einheiten}}$:

$$\text{(d)} \qquad 1 \neq 4\pi c^2 + 4\pi.$$

Multipliziert man nunmehr die »alten« Zahlenwerte der Zahlenwertgleichung (a) mit den entsprechenden Proportionalitätsfaktoren (d), so ergibt sich die für rationale Giorgische Einheiten geltende »neue« Zahlenwertgleichung.

$$\text{(e)} \qquad \frac{W_n}{V_n} = \frac{1}{2} \varepsilon_n \mathfrak{E}_n^2 + \frac{1}{2} \mu_n \mathfrak{H}_n^2.$$

Die parasitären Proportionalitätsfaktoren 4π und c^2 sind verschwunden. Zu beachten ist besonders, daß für c kein Umrechnungsfaktor einzusetzen ist, obwohl im Gaußschen C.G.S.-System c als dimensionsbehafteter »Lichtgeschwindigkeitsfaktor« auftritt mit dem Wert $c = 3 \cdot 10^{10}\ \mathrm{cms^{-1}}$; denn c tritt nur bei Vermengung elektrischer und magnetischer C.G.S.-Einheiten auf und ist ja selbst lediglich ein Ausgleichsfaktor (dessen Dimension nur auf die Unterdrückung der Dimensionen von ε_0 und μ_0 zurückzuführen ist, wie im vorigen Kapitel näher erörtert wurde).

Der Faktor $1/2$, der bestehen bleibt, kann hingegen kein Proportionalitätsfaktor, sondern nur ein mathematisch-physikalischer sein, da die rationalen Giorgischen Einheiten dimensionell kohärent sind.

Die entsprechenden Giorgischen Einheiten bilden ferner, wie man sich leicht überzeugt, die selbständige Gleichung (s. Tab. IX u. X)

$$\text{(f)} \qquad \mathrm{Joule}\ \mathrm{m}^{-3} = Fm^{-1} \cdot V^2 m^{-2} + Hm^{-1} \cdot A^2 m^{-2}.$$

Kontrollieren lassen sich die beiden Gleichungen (e) und (f) noch durch die entsprechende Dimensionsgleichung

$$\text{(g)} \qquad [Q\Phi T^{-1}]\,[L^{-3}] = [Q\Phi^{-1} T \cdot L^{-1}]\,[\Phi T^{-1} \cdot L^{-1}]^2 + [Q^{-1}\Phi T \cdot L^{-1}]\,[Q T^{-1} \cdot L^{-1}]^2.$$

Man erkennt an der Abspaltbarkeit der selbständigen Einheitengleichung, daß die Zahlenwertgleichung (e) in der Tat einer Größengleichung identisch ist, so daß sie auch für beliebige andere dimensionell kohärenten Einheiten unverändert gilt. Die Dimensionsgleichung (g) liefert hierzu ein klares Baugerüst.

Ein weiteres, interessantes Umrechnungsbeispiel bietet die Errechnung der Zahlenwerte von ε_{0g} und μ_{0g} im Giorgischen System (Index g), aus den im C.G.S.-System festliegenden Werten: $\varepsilon_{0e} = 1$ im elektrischen (Index e) bzw. $\mu_{0m} = 1$ im magnetischen (Index m). Dazu ist es lediglich notwendig die entsprechenden Coulombschen Zahlenwertgleichungen (15a) und (16a) bzw. (15b) und (16b) durch einander zu dividieren. Dabei hat man nur zu beachten, daß das Verhältnis der Zahlenwerte der einzelnen Größen nach Gl. (3) gleich ist den umgekehrten Umrechnungsfaktoren ihrer Einheiten (die aus Tabelle IX und X entnommen werden können) und daß man für die Bestimmung des Wertes von μ_{0g} von der Beziehung, die $\Phi_{g,\,m}$ enthält, ausgehen muß. Man erhält auf diesem Wege die bekannten, bereits erwähnten Werte wieder:

$$\varepsilon_{0g} = \frac{\varepsilon_{0g}}{(\varepsilon_{0e} = 1)} = \frac{P_e}{P_g}\,\frac{Q_g^2}{Q_e^2}\,\frac{r_e^2}{4\pi r_g^2} = 10^5\,\frac{1}{(c \cdot 10^{-1})^2}\,\frac{(10^2)^2}{4\pi}$$

$$= \frac{10^5 \cdot 10^4 \cdot 10^2}{(2{,}9979 \cdot 10^{10})^2 \cdot 4\pi} = \frac{10^7}{4\pi\,(2{,}9979 \cdot 10^8)^2} = 8{,}859 \cdot 10^{-12},$$

$$\mu_{0g} = \frac{\mu_{0g}}{(\mu_{0m} = 1)} = \frac{P_m}{P_g}\,\frac{\Phi_g^2}{\Phi_m^2}\,\frac{(4\pi)^2 r_m^2}{4\pi r_g^2} \doteq 10^5\,\frac{1}{(10^8)^2}\,4\pi\,(10^2)^2$$

$$= 4\pi \cdot 10^{-7} = 1{,}2566 \cdot 10^{-6}.$$

Der Leser überzeugt sich leicht durch Umrechnung ähnlicher Beispiele, daß man in der Elektromagnetik stets zu Vereinfachungen und Klarstellungen gelangt, welche die Überlegenheit des dimensionell-kohärenten rationellen Giorgischen Maßsystems gegenüber den klassischen C.G.S.-Systemen unwiderleglich beweisen.

Dabei muß noch beachtet werden, daß auch Operatoren eine eigene Dimension und Einheit haben können; z. B. hat der Operator $\nabla = \lim\limits_{V \to 0} \frac{\int_F \cdot dF}{V}$ die Dimension $[L^{-1}]$ und eine entsprechende Einheit (m^{-1} oder cm^{-1} usw.); daher muß man auch bei Umrechnungen die entsprechenden Umrechnungsfaktoren mit berücksichtigen.

All die umständlichen Leerlaufarbeiten, die mit Umrechnungen verbunden sind, erspart man sich aber, wenn man grundsätzlich nur mit bequemen *D*-Einheiten, namentlich mit den Giorgischen, rechnet.

VIII. Versuch der Einreihung der photometrischen Einheiten in das Kalantaroff-Giorgische Maßsystem

Wir wollen nunmehr untersuchen, ob es möglich ist, dem Kalantaroff-Giorgischen Maßsystem auch die photometrischen Einheiten anzugliedern.

Bekanntlich hatte das »Comité Consultatif de Photométrie« des »Bureau International des Poids et Mesures« bereits im Juli 1935 beschlossen, ab 1. Januar 1940 an Stelle der beiden üblichen Reihen photometrischer Einheiten, welche aus der Internationalen Kerze (IK) bzw. aus der Hefner-Kerze (HK) abgeleitet wurden, neue Einheiten einzuführen, die auf eine »neue« Normal-Kerze (NK) bezogen werden.

Diese 3 Kerzen stehen zueinander in folgendem Verhältnis[1]):

$$0{,}996 \text{ IK} = 1 \text{ NK} = 1{,}09 \text{ HK}$$

Hierbei wurde die Normal-Kerze durch folgende Definition festgelegt: »Die Leuchtdichte des schwarzen Körpers bei der Erstarrungstemperatur des Platins (2046° K) ist genau 60 NK/cm² gleichzusetzen.«

Man erkennt aus dieser Definition, daß die photometrischen Einheiten ohne Bezugnahme des C.G.S.-Systems oder des Giorgischen Systems festgelegt wurden.

Es drängt sich jedoch die Frage auf, ob es nicht möglich und vorteilhaft wäre, die üblichen photometrischen Einheiten durch ganz neue, aus dem Giorgischen M.K.S.O.-System ableitbare Einheiten zu ersetzen; auf diese Weise könnte man auch jede mögliche Verwechslung der erwähnten 3 Einheitsreihen, die ja alle gleiche Namen (Lux, Lumen usw.) führen, beseitigen.

Vernachlässigt man die Wertunterschiede zwischen normalen, internationalen und Hefner-Einheiten und untersucht man die üblichen photometrischen Einheiten auf ihre Dimension im energetischen $[LTW]$ System, so ergeben sich die Beziehungen der Tabelle XIII, worin $[W]$ die Dimension der Energie darstellt.

Bei näherem Betrachten dieser Tabelle erkennt man nun folgendes:

---

[1]) Dieses Verhältnis ist nach neueren Messungen temperaturabhängig und beträgt z. B. bei 2360° K (Wolfram-Vakuum-Lampe)

$$0{,}996 \text{ IK} = 1 \text{ NK} = 1{,}140 \text{ HK}.$$

Der obige Wert gilt für die Temperatur der Hefner-Lampe (ca. 1800° K).

1. Die photometrischen Einheiten bilden kein einheitliches System, sondern sind ein Gemisch von sphärischen und orthogonalen Einheiten, was in dem Auftreten des Proportionalitätsfaktors 4π zwischen Kerze und Lumen sowie zwischen Lux (Phot) und Stilb zutage tritt (während das Verhältnis zwischen Lux (Phot) und Lambert (Apostilb) den Faktor π nicht mehr enthält). Der Regel der dimensionellen Kohärenz entsprechend müßte man aber Lichtstrom und Lichtstärke sowie Beleuchtungsstärke und Leuchtdichte, da sie (bis auf L^0, das bei der Bildung von D-Einheiten ohne Einfluß bleibt) gleiche Dimensionen haben, auch mit gleichen, und zwar lediglich mit den orthogonalen Einheiten Lumen und Lux messen. Es würde sich also empfehlen, die Einheiten Phot, Stilb, Apostilb und Lambert — und sogar die Einheit Kerze — vollkommen fallen zu lassen; (die in verschiedene Richtungen ausgestrahlte »Lichtstärke« einer Lichtquelle wäre bloß als Ungleichförmigkeit des ausgestrahlten Lichtstromes aufzufassen; sie ließe sich, da Lichtstärke = Lichtstrom/Raumwinkeleinheit ist, ähnlich durch reine Zahlen erfassen, wie man auch Winkel durch reine Zahlen mißt).

2. Die photometrischen Einheiten sind keine rein physikalischen Einheiten, sondern physikalisch-physiologische, wie aus der Definition des Lichtstromes hervorgeht (s. Tab. XIII); das photometrische Strahlungsäquivalent 1 Watt = 694 Normallumen gilt nämlich, wie bekannt, nur für einen monochromatisch ausgestrahlten Energiestrom der Wellenlänge $\lambda = 5550$ Angström, da die Hellempfindlichkeit unseres Auges von der Wellenlänge der Lichtstrahlung abhängt.

Diese letztere Feststellung führt zu der Schlußfolgerung, daß die üblichen photometrischen Einheiten gar nicht unmittelbar als dimensionell-kohärente Einheiten in das Giorgische M.K.S.O.-Maßsystem einbezogen werden können, da in ihre Wertbestimmung noch die »normale« Augenempfindlichkeitskurve in Abhängigkeit von der Wellenlänge eingehen muß. Man könnte also höchstens für ein rein monochromatisches Licht, etwa für $\lambda = 5550 \cdot 10^{-10}$ m, als Einheit des Lichtstromes 1 Watt, und aus diesem Wert durch Integration über die Augenempfindlichkeitskurve eine entsprechende Lichtstromeinheit für »weißes« Licht ableiten.

Die photometrischen Einheiten und Größen gehören somit in die Klasse der physikalisch-physiologischen Größen und müßten eigentlich außerhalb unserer Betrachtungen bleiben (s. Tab. I).

Aus dem gleichen Grunde ließen wir auch die Einheiten der Akustik außer Betracht, zumal die Lautstärken nach der Beziehung $20 \lg \frac{p}{p_0}$ »phon« gestuft werden, wobei p = Schalldruck, p_0 = Bezugsschalldruck sind (s. DIN 1318), also nach einer dekadisch-logarithmischen Skalenteilung, die gegen das Prinzip der linearen Zuordnung Gl. (1) verstößt, das den Grundstein aller D-Systeme bildet.

Da die Einheiten der Geometrie, vornehmlich ebene und räumliche Winkeleinheiten in der Optik und Akustik eine große Rolle spielen, sei in diesem Zusammenhang noch ausdrücklich darauf hingewiesen, daß man Winkel dimensionell-kohärent nur durch reine Zahlen messen darf, und zwar:

— ebene Winkel, deren Dimension $[L]^0$ ist,
da $\frac{\text{Bogenlänge}}{\text{Radius}} = \frac{\alpha\, 2\pi r}{r}$ unabhängig von r ist,
nur durch Vielfache von π ($2\pi = 360^0$, $\pi/2 = 90^0$, $\pi/100 = 1{,}8^0$ usw.)

— und räumliche Winkel, deren Dimension $[L^2]^0$ ist,
da $\frac{\text{Kalottenfläche}}{\text{Radiusquadrat}} = \frac{\sigma\, 4\pi r^2}{r^2}$ auch unabhängig von r ist,
auch nur durch Vielfache von π_s ($4\pi_s$ = Kugel, $\pi_s/2$ = Kugelachtel usw.), wobei der Index s bei π hervorheben soll, daß es sich um sphärische Winkeleinheiten handelt.

IX. Erweiterung des Kalantaroff-Giorgischen Maßsystems auf die Wärmelehre

In allen üblichen Maßsystemen der Wärmelehre findet man außer den 3 Grundeinheiten der Mechanik als 4. Grundeinheit eine unabhängige Einheit der Temperatur (Grad absolut oder Kelvin, Grad Celsius, Réaumur oder Fahrenheit usw.). Diesen Standpunkt nahm auch das Giorgische Einheitensystem an. Die kinetische Gastheorie besagt aber, daß alle thermodynamischen Erscheinungen, auch die Temperatur, auf rein mechanische zurückzuführen sind — daran ist nicht zu zweifeln.

Folgerichtig müßte sich also aus einem 3dimensionalen Maßsystem, z. B. dem $[LTW]$ m-, s-, Joule-System nicht nur eine dimensionell-kohärente Einheit der Wärmemenge, sondern auch der Temperatur ableiten lassen. Versucht man aber die Regel der dimensionellen Kohärenz anzuwenden, so stößt man auf eine unüberwindliche Schwierigkeit. Es läßt sich für die Temperatur keine eindeutige Dimensionsformel ermitteln, da keine Gleichung bekannt ist, in der nicht gleichzeitig noch eine zweite thermodynamische Größe unbekannter Dimension auftritt, wie etwa die Entropie S, die spezifischen Wärmen c_p, c_v, die allgemeine Gaskonstante R, die Boltzmannsche Konstante k usw.

Man muß daher einen anderen Weg einschlagen.

Fest steht jedenfalls, daß die üblichen thermodynamischen Maßsysteme eine Grundeinheit zu viel haben, daß sie also außer den dimensionell-kohärenten (mechanischen) Einheiten noch eine »freie« Einheit, nämlich eine Einheit der Temperatur, enthalten.

Daraus folgt, daß in allen thermodynamischen Gleichungen, die neben beliebigen, in dimensionell-kohärenten mechanischen Einheiten gemessenen Größen, auch die (in irgendeiner freien Einheit z. B. in »absoluten« Grad Kelvin gemessene) Temperatur enthalten, jedenfalls ein mit Dimension und Einheit behafteter Ausgleichsfaktor auftreten muß. Dieses Verhalten zeigte schon das Beispiel der Gleichung (26), die ebenfalls 1 »freie« Einheit enthält. — Wir wiesen aber noch auf einen ganz krassen Präzedenzfall hin: das Gaußsche Maßsystem selbst hat 5 statt 4 Grundeinheiten, und die Folge dieser »Überbestimmung« ist das Auftreten des »Lichtgeschwindigkeits«-Faktors $c = 2{,}9979 \cdot 10^{10}\,\mathrm{cm\,s^{-1}}$, den wir bereits als Ausgleichsfaktor entlarvt haben.

Sucht man nach einem ähnlichen Ausgleichsfaktor in den thermodynamischen Gleichungen, so findet man überhaupt bloß einen mit Dimension und Einheit behafteten Faktor — dies ist die Boltzmannsche »Universal«-Konstante $k = 1{,}3807 \cdot 10^{-23}$ Joule/^{0} Kelvin.

Dieser Faktor tritt in der Tat nur in denjenigen Zahlenwertgleichungen auf, die außer M.K.S.- (oder C.G.S.-) Einheiten noch eine Einheit der Temperatur, z. B. ^{0} Kelvin (oder ^{0} Celsius) enthalten, z. B. in der thermodynamischen Zustandsgleichung idealer Gase, die, wie üblich, auf 1 g-Mol $= N_M$ Moleküle bezogen (wobei die Avogadro-Loschmidtsche Konstante $N_M = 6{,}022 \cdot 10^{23}$ wohlbemerkt einer eine Zahl ist), lautet:

$$p\,V_M = R\,\vartheta_K = k \cdot N_M\,\vartheta_K \quad \text{(gültig für 1 Mol)} \quad . \; . \; . \; (54)$$

Dagegen fehlt der Faktor k, z. B. in der entsprechenden kinetischen Zustandsgleichung

$$p\,V_M = \frac{2}{3}\,N_M\,\frac{m\,v_m^2}{2} \qquad \text{(gültig für 1 Mol)} \quad . \; . \; . \; (55)$$

welche Gleichung bloß dimensionell-kohärente M.K.S.- (bzw. C.G.S.-) Einheiten enthält, da die Temperatur in ihr nicht auftritt.

Man kann daher auch (55) als Größengleichung deuten, während (54) nur als Zahlenwertgleichung aufgefaßt werden darf.

Da $\frac{m\,v_m^2}{2}$ die mittlere kinetische Energie eines Moleküls darstellt, ist es naheliegend Gl. (55) umzuformen in:

$$\frac{3}{2}\,\frac{p\,V_M}{N_M} = \frac{m\,v_m^2}{2} \; \text{(gültig für 1 Mol)} \; . \; . \; (56)$$

Anderseits muß man offensichtlich in Gl. (54) zunächst $k = z \cdot f$ ansetzen, da man vorerst nicht entscheiden kann, ob der Faktor k als ganzer ein Ausgleichsfaktor ist oder noch einen physikalischen Faktor f in sich schließt. Ein Blick auf die Gleichung (56) lehrt sogleich, daß dieser letztere Fall tatsächlich zutreffen dürfte. Diese Annahme führt dazu, auch Gl. (54) umzuformen, und zwar in:

$$\frac{3}{2}\frac{p V_M}{N_M} = \frac{3}{2} k \vartheta_k = \frac{3}{2}\frac{2}{3} z \vartheta_k = z \vartheta_k \quad \ldots \ldots \quad (57)$$

Entschließt man sich also $k = \frac{2}{3} z$ anzunehmen und nunmehr in Gl. (57) $z = 1$ zu setzen (was zunächst nur eine wertmäßige Änderung der Temperatureinheit und dementsprechend das Auftreten eines neuen Zahlenwertes ϑ_m, an Stelle von ϑ_k, bedingt), so ergibt sich durch Zusammenfassung von (56) und (57) eine Zahlenwertgleichung, die wir bezeichnen wollen als:

— die kinetische Definitionsgleichung der Molekül-Temperatur ϑ_m (bezogen auf 1 Molekül)

$$\vartheta_m = \frac{m v_m^2}{2} \text{ mit } \dim \vartheta_m = [Q \Phi L^{-2} T][L^2 T^{-2}] = [Q \Phi T^{-1}] = [W] \quad (58)$$

Diese Gleichung läßt sich wohl ohne jedes Wagnis wegen ihres klaren physikalischen Inhalts als Größengleichung deuten, zumal sie nur den Integrationsfaktor $\frac{1}{2}$ enthält.

Andererseits ergibt sich aus (57) durch die $z = 1$-Setzung eine zweite Zahlenwertgleichung, die wir bezeichnen wollen als:

— die thermodynamische Definitionsgleichung der Mol-Temperatur $\vartheta_M = N_M \vartheta_m$
(bezogen auf N_M Moleküle = 1 Mol)

$$\vartheta_M = \frac{3}{2} p V_M \text{ mit } \dim \vartheta_M = [Q \Phi L^{-3} T^{-1}][L^3] = [Q \Phi T^{-1}] = [W] \quad (59)$$

Auch diese Gleichung muß als Größengleichung und somit $\frac{3}{2}$ als physikalischer Faktor gedeutet werden.

Die Temperatur ist, diesen Definitionen entsprechend, bei idealen Gasen nichts weiter als die mittlere, spezifische Bewegungsenergie der Moleküle, die sich bei festgehaltenem Volumen als Druck äußert; demgemäß ist

— die dimensionell-kohärente Einheit der Temperatur im M.K.S.-System 1 Joule (im C.G.S.-System 1 erg). (60)

Vornehmlich gestützt auf den (durch die kinetische Gastheorie ermittelten) Tatbestand, daß Temperaturgleichheit zwischen verschiedenen Stoffen nur dann herrscht, wenn ihre Moleküle (im Mittel) die gleiche Bewegungsenergie besitzen (also sich schwere Moleküle langsamer, leichte schneller bewegen), hat sich die Erkenntnis, daß die Temperatur bloß eine Form kinetischer Energie sei, in letzter Zeit immer mehr Bahn gebrochen. Man bezeichnete aber den »Betrag der mittleren kinetischen Wärmeenergie für einen Freiheitsgrad $\frac{kT}{2}$«, als das »natürliche Maß der Temperatur«. (Vgl. z. B.: Grimsehl-Tomaschek, Lehrbuch der Physik, Bd. I, S. 460, Auflage 10, 1938.)

Die Möglichkeit die Temperatur auch in Energieeinheiten zu messen, wurde jedoch bisher noch gar nicht in Betracht gezogen, allenfalls nicht näher erforscht.

Aus einem Vergleich von (56), (57), (58) läßt sich nun auch die Umrechnung zwischen 1° Kelvin und 1 Joule ermitteln. Gelten nämlich alle 3 Gleichungen für denselben Zustand eines Mol idealen Gases, so hat in diesen Gleichungen $\frac{p \cdot V_M}{N_M}$ den gleichen Wert. Daraus folgt:

$$\vartheta_m = z\,\vartheta_k = \frac{3}{2}\,k\,\vartheta_k \qquad \text{(bezogen auf 1 Molekül)} \qquad (61)$$

und man erhält für $\vartheta_K = 1^0$ K

$$\vartheta_m = \frac{3}{2}\,k\left(\frac{\text{Joule}}{{}^0\text{K} \cdot \text{Molekül}}\right) \cdot 1\,({}^0\text{K}) = \frac{3}{2} \cdot 1{,}3807 \cdot 10^{-23}\left(\frac{\text{Joule}}{1\ \text{Molekül}}\right)$$
$$= 2{,}071 \cdot 10^{-23}\ (\text{Joule/Molekül}).$$

Das ist ein außerordentlich kleiner Wert; er zeigt uns zwar sehr deutlich, um welche spezifische Energieänderung es sich handelt, wenn die Temperatur eines Moleküls sich um 1° K ändert, aber als praktische Einheit scheint das Joule zur Messung von Temperaturen — trotz seiner dimensionellen Kohärenz — gänzlich ungeeignet.

Dies läßt sich nicht bestreiten; es liegt aber nur daran, daß die Bezugsgröße 1 Molekül gewählt wurde. In der Thermodynamik ist es jedoch allgemein üblich, nicht ein Molekül, sondern 1 Mol $\doteq N_M$ Moleküle $= 6{,}022 \cdot 10^{23}$ Moleküle als Bezugsgröße zu wählen; auch das Kelvinsche Normalthermometer ist mit 1 Mol Gas gefüllt. Wählt man somit für die Temperatur 1 Mol als Bezugsgröße, so erhält man

$$N_M\,\vartheta_m = \vartheta_M = \frac{3}{2}\,k\,N_M\,\vartheta_k = \frac{3}{2}\,R\,\vartheta_k \qquad \text{(bezogen auf 1 Mol)} \qquad (62)$$

und für $\vartheta_K = 1^0$ K

$$\vartheta_M = \frac{3}{2}\,R\left(\frac{\text{Joule}}{{}^0\text{K} \cdot \text{Mol}}\right) \cdot 1\,({}^0\text{K}) = \frac{3}{2}\,8{,}314\left(\frac{\text{Joule}}{1\,\text{Mol}}\right) = 12{,}47\ (\text{Joule/g-Mol}).$$

Das ist ein sehr handlicher Wert und er zeigt deutlich, um welche spezifische Energieänderung es sich handelt, wenn die Temperatur eines Mol sich um 1° Kelvin ändert.

Es ist nun an sich das vernünftigste, bei dieser Gelegenheit noch einer Anregung von H. Ulich zu folgen und als chemische Stoffmengeneinheit (an Stelle der Avogrado-Loschmidtschen Zahl eines Gramm-Mol: $N_M = 6{,}022 \cdot 10^{23}$ Molekeln) einen runden Zahlenwert, nämlich

1 Quadrillion-Mol: $N_Q = 10^{24}$ Molekeln einzuführen. (Vgl. H. Ulich, Kurzes Lehrbuch der physikalischen Chemie, III. Auflage, 1941, S. 7.)

Einem Temperaturunterschied von $\vartheta_k = 1^0$ Kelvin entspricht somit für 1 Quadrillion-Mol ein (Temperatur-) Energieunterschied von:

$$\vartheta_Q = \frac{3}{2}\, k \left(\frac{\text{Joule}}{{}^0\text{K} \cdot \text{Molekül}}\right) \cdot N_Q \cdot 1\,({}^0\text{K})$$

$$= \frac{3}{2} \cdot 1{,}3807 \cdot 10^{-23} \cdot 10^{24} \left(\frac{\text{Joule}}{10^{24}\,\text{Moleküle}}\right) = 20{,}71\,(\text{Joule}/Q\text{-Mol}) \quad (64\text{a})$$

Man kann also 1^0 K fast 21 Joule pro 10^{24} Moleküle gleichsetzen, was ein sehr anschaulicher und bequemer Wert ist.

Andererseits braucht wohl gar nicht besonders darauf hingewiesen zu werden, daß man Wärmemengen dimensionell-kohärent ebenfalls in Joule messen muß.

Um Verwechslungen von Wärmemengen mit Temperaturen, d. h. mit spezifischen kinetischen Wärmeenergien zu vermeiden und gleichzeitig das lästige Mitschleppen der Bezeichnungen »bezogen auf 1 Molekül« bzw. »bezogen auf 1 Mol« zu umgehen, würde es sich empfehlen, den Temperatureinheiten des M.K.S.-Systems besondere Namen beizufügen, z. B.

die »kinetische« Temperatureinheit:

1 Joule (bezogen auf 1 Molekül): 1 Carnot zu nennen, (63)

und die »thermodynamische« Temperatur-Einheit:

1 Joule (bezogen auf 10^{24} Moleküle): 1 Clausius zu nennen, (64)

für die, auf das übliche Mol bezogene, Temperatureinheit aber

1 Joule/g-Mol als Benennung beizubehalten. (65)

Dabei darf man nicht übersehen, daß in diesen Temperatureinheiten Molekül, Q-Mol und g-Mol nur reine Zahlenwerte sind.

Die »kinetische« Temperatureinheit wird man allerdings wegen ihrer aus (61) ersichtlichen Unhandlichkeit kaum je gebrauchen.

Es ist außerdem ein schwerwiegender Nachteil der Einheit Joule/Mol, daß bekanntlich der Zahlenwert Mol (der nach Westphal, Physik, 7. u. 8. Aufl., 1941, mit $6{,}022 \cdot 10^{23}$ eingesetzt wurde) nicht genau festliegt, sondern die Angaben verschiedener Verfasser bedeutend voneinander abweichen (in Grimsehl-Tomaschek, Lehrbuch der Physik, S. 473, 10. Aufl., 1938, findet man z. B. den Wert $6{,}06 \cdot 10^{23}$).

Andererseits könnte man zwecks Verdrängung der Wärmeeinheit Kalorie auch der dimensionell-kohärenten Wärmeeinheit einen besonderen Namen beilegen, und zwar:

die M.K.S.-Wärmemengeneinheit: 1 Calojoule nennen. (66)

(Ähnlich würde es sich ja auch für die Mechanik zwecks Verdrängung von PS und PS-Stunde lohnen, die mechanischen Leistungs- und Arbeitseinheiten Mecanowatt und Mecanojoule zu nennen.)

Bei Einführung obiger Einheiten in den thermodynamischen Gleichungen ändert sich offensichtlich weiter nichts, als daß man in allen Gleichungen $\frac{2}{3}$ statt k einsetzen muß, wenn man die Einheit Carnot wählt, bzw. statt $k\,N_Q$, wenn man die Einheit Clausius benutzt.

Die kinetische Zustandsgleichung nimmt hiermit die Form einer überaus anschaulichen Definitionsgleichung an:

$$\vartheta_Q\,(\text{Clausius}) = N_Q\,\vartheta_m\,(\text{Carnot}) = N_Q\,\frac{m\,v_m^2}{2}\,(\text{Joule}) \quad . \quad . \quad . \quad (67)$$

Auch die thermodynamische Zustandsgleichung nimmt eine überaus klare und einfache Form an:

$$\vartheta_Q\,(\text{Clausius}) = \frac{3}{2}\,p\,(\text{Giorgi})^{1)} \cdot V_Q\,(\text{m}^3) = \frac{3}{2}\,p\,V_Q\,(\text{Joule})\ . \quad (68)$$

Beide Gleichungen gelten als Temperaturgleichungen, lediglich für 1 Q-Mol = 10^{24} Molekeln, sofern man ϑ in Clausius mißt; jedoch gelten sie in unveränderter Form als ganz allgemeine Gleichungen der kinetischen (Temperatur-) Energie für eine beliebige Stoffmenge (N Moleküle), sobald man ϑ in der eigentlichen dimensionell-kohärenten Einheit Joule mißt. Dadurch werden ihr Geltungsbereich und ihre Anschaulichkeit bedeutend erhöht.

Man beachte noch insbesondere, daß durch die Boltzmannsche Konstante k in der thermodynamischen Zustandsgleichung der physikalische Faktor $f = \frac{3}{2}$ verschleiert wurde und erst (an unrichtiger Stelle) in der kinetischen Temperaturgleichung auftauchte. Die physikalisch-geometrische Berechtigung des Auftretens des Faktors $\frac{3}{2}$ in der thermodynamischen Zustandsgleichung läßt sich übrigens wie folgt recht einfach veranschaulichen.

Es wurde bereits öfter darauf hingewiesen, daß die Regel der dimensionellen Kohärenz folgerichtig die Verwendung eines orthogonalen Koordinatensystems erfordert (vgl. Kap. II, Frage 3, und Kap. V, Forderung IV). Um somit, entsprechend dem Prinzip des Kelvinschen Thermometers, den kinetischen (Temperatur-)Energieinhalt eines idealen Gases durch Druckmessungen (p) bei konstanten Volumen (V) ermitteln zu können, muß man sich die betreffende Gasmenge zunächst in einen Würfel (V = const.) eingeschlossen denken. Bei Zerlegung der Flugrichtungen der Molekeln längs der 3 Achsenrichtungen des Würfels

[1]) 1 Giorgi = 1 Newton · m^{-2} = 1 Joule · m^{-3}.

findet man selbstverständlich, daß nur $\frac{1}{3}$ aller Molekeln senkrecht zu einer Wand fliegen und davon wieder nur $\frac{1}{2}$ (in + Richtung) auf die Wand zufliegen, also nur $\frac{1}{6}$ durch die Druckmessung erfaßt werden. Entsprechend den Gesetzen des elastischen Stoßes kehren aber diese Molekeln ihre Flugrichtung (von + auf —) um, so daß die Energie des Stoßes mit $\frac{m(2v_m)^2}{2} = 4\frac{m v_m^2}{2}$ angesetzt werden muß. Daher kommen durch die Druckmessung bloß $\frac{4}{6} = \frac{2}{3}$ der kinetischen Energieinhalte sämtlicher im Würfel enthaltenen Molekeln zum Ausdruck, so daß man das Produkt pV mit $\frac{3}{2}$ multiplizieren muß, um die Gesamtenergie zu erhalten; was zu beweisen war.

Es ist nicht möglich, im Rahmen dieser Arbeit näher auf die Vereinfachungen und Klarstellungen einzugehen, welche die dimensionell-kohärente Eingliederung der Temperatureinheit in das M.K.S.-System nach sich ziehen.

Es sei nur noch auf zwei besonders wichtige Folgerungen hingewiesen:

1. Die Entropie: S erscheint im erweiterten Kalantaroff-Giorgischen Maßsystem als reine Zahl und entpuppt sich als eine Art umgekehrter Wirkungsgrad zwischen den Änderungen des gesamten Wärmeinhalts Q (gemessen in Calo-Joule/Mol) und des spezifischen kinetischen Energieanteiles ϑ_M (gemessen in Thermo-Joule/Mol), der allein als Druck oder Volumenänderung in Erscheinung tritt — und als Temperatur fühlbar wird, während der übrige Teil der Wärmemenge sich in mechanische Arbeit, in chemische Prozesse oder sonst wie umsetzt.

Entsprechendes gilt auch für die »spezifischen Wärmen« c_p und c_v.

In der Tat folgt aus den Definitionsgleichungen:

$$S_M = \int_{Q_0}^{Q} \frac{dQ_M}{\vartheta_M} \quad \text{und} \quad c_{p\,(v)} = \left(\frac{dQ_M}{d\vartheta_M}\right)_{p\,(v)} (p \text{ bzw. } v = \text{const}) \quad . \quad . \quad (69)$$

die sich in der Gleichung vereinigen lassen:

$$S_M = \int_{\vartheta_0}^{\vartheta} \frac{c_{p\,(v)}}{\vartheta_M}\, d\vartheta_M \quad . \quad . \quad . \quad . \quad . \quad . \quad . \quad . \quad . \quad . \quad (69\text{a})$$

die Dimensionsgleichung:

$$\dim S = \dim c_{p\,(v)} = \frac{[W]}{[W]} = [W]^0 \quad . \quad . \quad . \quad . \quad . \quad . \quad (70)$$

Da $[W]^0$ eine Dimension nullter Potenz ist, können somit die Entropie S und die sog. »spezifischen Wärmen« c_p und c_v nur durch reine Zahlen gemessen werden (ähnlich wie mechanische (Maschinen-) Leistungswirkungsgrade, deren Dimensionen $[WT^{-1}]^0$ ist, nur durch reine Zahlen gemessen werden).

Alle 5 thermodynamischen Größen k, R, S, c_p und c_v, die in der Thermodynamik bisher mit der gleichen 4dimensionalen (cm-, g-, s-, ϑ-) Einheit $\frac{\text{erg}}{{}^0\text{K} \cdot \text{Mol}}$ gemessen wurden, erscheinen mithin im 3dimensionalen (m-, kg-, s-) System als reine Zahlen; während jedoch k und R bloß Zahlenfaktoren sind, nämlich $k = \frac{2}{3} z$ und $R = \frac{2}{3} N_M z$ (ein Gemisch aus dem Ausgleichsfaktor z und dem physikalischen Faktor $\frac{2}{3}$, sowie der Molekülzahl N_M) sind s, c_p und c_v physikalische Größen, die der Busemannschen Klasse der Zahlenwerte angehören und den Charakter von Wirkungsgraden haben; dieser Charakter tritt in den Größen c_p und c_v übrigens viel reiner in Erscheinung als in S, da er nicht durch die Integralbildung verschleiert wird, die die Definition von S in sich schließt[1]). Die Integration führt auf Grund von (69a) und durch Kombination mit (68) zu den bekannten ln-Beziehungen zwischen S und ϑ bzw. p oder V, Beziehungen, die aber nur dann als Größengleichungen aufgefaßt werden können, wenn man grundsätzlich die Argumente nach ln nur in der Form von Verhältniszahlen $\frac{\vartheta}{\vartheta_0}$, $\frac{p}{p_0}$ oder $\frac{V_0}{V}$ einsetzt, also als reine Zahlenwerte, da sie sonst dimensionell nicht homogen sind. (S. Kap. IX, Abschn. C.)

Übrigens ist die Beziehung der Gleichungen (69) auf 1 Mol nur dann notwendig, wenn man ϑ_M im Clausius mißt, sie gilt hingegen ganz allgemein für eine beliebige Zahl Moleküle, sofern man die Regel der dimensionellen Kohärenz streng durchgeführt und sowohl Q in (Calo) Joule als auch ϑ in (Thermo) Joule-Molekülzahl mißt.

2. Die Eichung der Thermometer wird unabhängig von irgendwelchen Fixpunkten (z. B. Gefrier- und Siedepunkt des Wassers) sowie jeder Willkür der Skalenteilung und läßt sich höchst einfach und sehr genau durchführen.

Benutzt man nämlich das übliche mit 1 Mol idealem Gas gefüllte Kelvinsche Thermometer und hält das Volumen V_M genau konstant, so genügt es, den Druck p in der M.K.S.-Einheit: 1 Giorgi = 1 Newton/m² = 1 Joule/m³ zu messen. Die Multiplikation mit dem in m³ ge-

---

[1]) „Der spezifischen Wärme c_v idealer, einatomiger Gase, welche in üblichen Temperatureinheiten (z. B. Kelvin) den Wert $\frac{3}{2} R$ hat, entspricht in Joule/g-Mol der Wert 1 (reine Zahl). Das entspricht einer idealen Umformung irgend einer Energieform in Wärme (Temperaturenergie) mit dem Wirkungsgrad 1."

messenen konstanten Volumen V_M und $\frac{3}{2}$ ergibt die Temperatur, der Gleichung $\vartheta_M = \frac{3}{2} p \cdot V_M$ entsprechend, direkt in Joule (bezogen auf 1 Mol).

Dem absoluten Nullpunkt 0^0 Kelvin entspricht der theoretische Druck $p = 0$ Newton/m², somit auch die Temperatur

$$\vartheta_0 = 0 \text{ Joule/g-Mol} = 0 \text{ Clausius} \quad \ldots\ldots \quad (71)$$

Beim Gefrierpunkt des Wassers 0^0 Celsius $= 273{,}2^0$ Kelvin hat 1 Mol ideales Gas beim Druck $p = 1$ Atm (760 mm Hg) $= 1{,}033$ at $=$ $1{,}013.10^5$ Newton/m² bekanntlich das Volumen $V_M = 22{,}412$ dm³ $=$ $22{,}412.10^{-3}$ m³. Somit ergibt sich:

$$\vartheta_{273} = \frac{3}{2} p\, V_M = \frac{3}{2} \cdot 1{,}013 \cdot 10^5 \text{ Joule m}^{-3} \cdot 22{,}421 \cdot 10^{-2} \text{ m}^3 \text{ Mol}^{-1}$$
$$= 3406{,}8 \text{ Joule/g-Mol} \quad \ldots\ldots \quad (72)$$

Zu demselben Resultat gelangt man, wenn man die, sich aus (62) ergebende Umrechnungsgleichung

$$1^0 \text{ Kelvin} = 12{,}47 \frac{\text{Joule}}{6{,}022 \cdot 10^{23}} \left(\frac{\text{Joule}}{\text{Mol}}\right) = 20{,}71 \frac{\text{Joule}}{10^{24}} \text{ (Clausius)} \quad (73)$$

anwendet; den man findet:

$$\vartheta_{273} = 0^0\text{C} = 273{,}2\ ^0\text{K} = 273{,}2 \cdot 12{,}47 \text{ Joule/Mol} = 3406{,}8 \text{ Joule/g-Mol}$$
$$= 273{,}2 \cdot 20{,}71 \text{ J}/Q\text{-Mol} = 5658{,}0 \text{ Clausius} \quad (74)$$

Dem Siedepunkt des Wassers entspricht ferner:

$$\vartheta_{373} = 100^0\text{C} = 373{,}2\ ^0\text{K} = (3406{,}8 + 1247) \text{ Joule/Mol} = 4653{,}8 \text{ Joule/Mol}$$
$$= (5658 + 2071) \text{ J}/Q\text{-Mol} = 7729{,}0 \text{ Clausius}$$
$$\ldots \quad (75)$$

Für die Durchführung weiterer Umrechnungen aus wissenschaftlichen C.G.S.°K.- bzw. technischen m, kp, s, °C-Einheiten in die universellen, dimensionell-kohärenten m, kg, s-Einheiten bediene man sich der Tabelle XI.

Abschließend sei nochmals hervorgehoben, daß es somit gelang, durch Erweiterung der physikalischen Erkenntnisse der kinetischen Gastheorie die Einheiten der Temperatur und Entropie und somit diese Größen selbst aus der Busemannschen Klasse der Qualitäten herauszuheben, und zwar die Temperatur (unter Überspringung der Klasse der Potentiale) in die Klasse der Quantitäten und die Entropie sogar direkt in die Klasse der Zahlenwerte überzuführen. (S. Tabelle I.)

Es zeigt sich also, daß die Erweiterung des Kalantaroff-Giorgischen Maßsystems auf die Wärmelehre, bei Berücksichtigung des Kriteriums der dimensionellen Kohärenz, zu Ergebnissen führt, welche besonders vom theoretischen Standpunkt von Interesse sind; die Klarstellungen und Vereinfachungen, die sie nach sich zieht, dürften aber auch noch vor allem dem Unterricht sehr zustatten kommen.

X. Freiwahl von Dimensionen, Grundeinheiten und Ureichmaßen

Aus den bisherigen Betrachtungen ergibt sich, daß die Anwendung der Regel der dimensionellen Kohärenz zu folgenden drei wertvollen Ergebnissen führt:

1. Die Regel der D.-K. legt alle Einheiten eines jeden beliebigen D-Systems nicht nur in ihrem Verhältnis zu den betreffenden Grundeinheiten, sondern auch in ihren gegenseitigen Verhältnissen vollkommen fest: Jedes D-System ist eindeutig und rational.

2. Die Regel der D.-K. erlaubt die Erweiterung eines jeden D-Systems auf alle Gebiete der reinen Physik; ausgeschlossen bleiben bloß Gebiete der Physik, in denen auch physiologische oder andere nicht rein physikalische Größen eine Rolle spielen (wie in der Optik, Akustik usw.). Jedes D-System kann somit Anspruch auf physikalische Universalität erheben.

3. Die Regel der D.-K. führt stets zu vollkommener Übereinstimmung zwischen Zahlenwert- und Größengleichungen, d. h. zu Zahlenwertgleichungen, welche die betreffenden physikalischen Zusammenhänge in die einfachste Form kleiden, und stets von irgendwelchen, nicht physikalisch bedingten Umrechnungs- bzw. Ausgleichs-Faktoren, vollkommen frei sind. Gegenüber jedem D-System bleiben somit die für ein beliebiges D-System gültigen Zahlenwertgleichungen invariant, da sie mit Größengleichungen identisch sind.

Beim Aufbau irgendeines D-Systems müssen lediglich zwei Bedingungen erfüllt werden:

1. Die Zahl der physikalischen »Dimensionen«, d. h. der als fundamental zu betrachtenden physikalischen Größen, denen man Dimensionssymbole zuordnet, muß »richtig« bestimmt werden. Diese Zahl ergibt sich eindeutig für jedes Gebiet der Physik aus der Differenz zwischen der Zahl der verschiedenen physikalischen Größen dieses Gebiets und der Zahl der voneinander unabhängigen Grundgesetze, die als deren Definitionsgleichungen aufgefaßt werden können. Wie bereits erwähnt, ist die Zahl der erforderlichen Dimensionen: 1 für die Geometrie, 2 für die Kinematik, 3 für die Energetik (Mechanik und Wärmelehre einschließend), 4 für die Elektromagnetik.

2. Die Wahl der physikalischen »Dimensionen« muß so getroffen werden, daß sie voneinander unabhängig sind, d. h. daß man keine physikalischen Beziehungen aufstellen kann, durch welche irgendeine der »fundamentalen« Größen durch die anderen »fundamentalen« Größen definiert werden könnte.

Erfüllbar sind selbstverständlich diese beiden Bedingungen erst, wenn für das betrachtete Gebiet der Physik eine vollständige und eindeutige Theorie vorliegt. Die Hauptschwierigkeit der Aufstellung von D-Systemen liegt somit darin, daß sie mit den physikalischen Theorien, auf welche sie sich stützen, stehen und fallen, daß man sich aber zum Aufstellen einer physikalischen Theorie selbst bereits auf ein Maßsystem stützen muß. Dies erklärt, warum es gar nicht möglich war, für Elektromagnetik und für Wärmelehre von Anfang an ein »richtiges« D-System aufzustellen; es ließ sich ja die Notwendigkeit der Wahl von 4 statt 3 Grunddimensionen und Grundeinheiten für die Elektromagnetik, bzw. von nur 3 statt 4 für die Wärmelehre, nicht a priori erkennen.

Sind aber diese beiden Bedingungen einwandfrei erfüllbar, so ergibt sich daraus für die Wahl der fundamentalen Dimensionen und noch mehr für die Wahl der ihnen zuzuordnenden Grundeinheiten ein hoher Grad der Freiheit, da diese Wahlen ja vom theoretischen Standpunkt eine untergeordnete Rolle spielen, insofern jedes D-System auf die ganze Physik erweiterbar ist, und alle Größen- bzw. Zahlenwertgleichungen allen D-Systemen gegenüber invariant bleiben.

Die Wahl spezieller Grundeinheiten eines D-Systems kann also lediglich durch folgende zwei Forderungen bedingt sein:

1. Die fundamentalen Größen und Dimensionen sollen so gewählt werden, daß sich für alle »abgeleiteten« Größen möglichst einfache, physikalisch sinnvolle und klare Dimensionsformeln ergeben.

2. Die Grundeinheiten sollen so gewählt werden, daß nicht nur sie, sondern möglichst auch alle aus ihnen »abgeleiteten« Einheiten bequem, d. h. unseren menschlichen Maßen möglichst angepaßt, sind, und daß man — soweit es schon gebräuchliche praktische Einheiten gibt — auch möglichst viele der im internationalen Gebrauch bereits eingebürgerten Einheiten beibehält.

Für die Wahl spezieller Eichmaße hingegen kann lediglich die ganz anders geartete dritte Forderung maßgebend sein:

3. Die Ureichmaße müssen so gewählt werden, daß sie eine möglichst sichere zeitliche Invarianz verbürgen, dabei aber auch möglichst leicht materialisiert und vervielfältigt werden können.

Es wurde gezeigt, daß sich die Forderungen 1. und 2. zwar verhältnismäßig leicht gleichzeitig erfüllen lassen, jedoch kann man ein gleiches von den Forderungen 2. und 3. nicht erwarten.

Die Forderung 1 erfüllt in besonders hohem Grade:

— das Kalantaroffsche $[LTQ\Phi]$- — $[LT\Pi]$-Dimensionssystem, wie aus den vorangehenden Erörterungen hervorgeht.

Die Forderung 2 können jedoch weit besser folgende 4, anscheinend voneinander verschiedenen Einheitensysteme erfüllen:

für Elektrizität und Magnetismus (elektrotechnisches System)	das V-, A-, m-, s-System
für Energetik (einschl. Wärmelehre) (energetisches System)	das Joule-, m-, s-System
für wissenschaftliche Mechanik (mechanisches Massensystem)	das kg-, m-, s-System
für technische Mechanik (mechanisches Kraftsystem).	das Newton-, m-, s-System

Die Forderung 3 zu erfüllen, erweisen sich hingegen nach Giorgis eigenem Vorschlag als am besten geeignet:

die 4 Eichmaße: Meter, Kilogramm, Sekunde und Ohm.

Auch diese scheinbaren Widersprüche lassen sich durch die Regel der dimensionellen Kohärenz leicht überbrücken, denn da alle Einheiten eines jeden einmal aufgebauten D-Systems in ihren gegenseitigen Verhältnissen eindeutig festliegen, hat man auch nachträglich vollkommene Freiheit, beliebige 4 — allerdings lediglich voneinander unabhängige — Einheiten herauszugreifen und als fundamentale Dimensionen, Grundeinheiten oder Eichmaße anzusehen. Man ist also frei, aus ein und demselben D-System voneinander verschiedene Größen als Dimensionen, Grundeinheiten und Eichmaße herauszugreifen; sie werden ja durch die Regel der dimensionellen Kohärenz eindeutig zusammengehalten. Diesen Zusammenhang veranschaulicht Tabelle XII.

Das Internationale Comité für Maße und Gewichte (C.I.P.M.) hat sich zwar nicht zugunsten der Anerkennung des Ohms als viertem, m, kg und s gleichzustellenden Eichmaß ausgesprochen, sondern — wie erwähnt — die Verwendung von μ_0 als Verbindungsglied zwischen den elektromagnetischen und mechanischen Einheiten des Giorgischen Systems empfohlen. Nichtsdestoweniger wurde aber von der C.I.P.M. in den letzten Jahren genaueste Messungen für das internationale und das absolute Ohm durchgeführt. Diese Messungen der offiziellen physikalischen Laboratorien E. L. J. (Elektr. Lab. in Tokio, Japan), L.C.E. (Lab. Centr. d'Elektr. in Paris, Frankreich), N.B.S. (Nat. Bur. of Stand. in Washington, U.S.A.), N.P.L. (Nat. Phys. Lab. in Teddington, England) und P.T.R. (Phys.-Techn. Reichsanstalt in Berlin, Deutschland) ergaben die einigermaßen voneinander abweichenden Werte:

$$1 \text{ int. } \Omega / 1 \text{ abs. } \Omega = 1{,}00046 \ldots 1{,}00052.$$

Es scheint also, daß man sich letzten Endes doch noch zum Aufstellen eines materialisierten Urmaßes, und zwar wahrscheinlich für das absolute Ohm, entschließen wird. Dieses wird voraussichtlich dieselbe Rolle spielen wie das Urmeter und das Urkilogramm; daher dürfte es auch später zur Aufgabe seiner ursprünglich an die »natürliche Größe μ_0« gebundene Definition führen, ähnlich wie es beim m und kg bereits 1889 geschehen ist.

An und für sich hätte man ebensogut jetzt schon dem bestehenden internationalen Ohm ein Urmaß zuordnen können und dadurch die Umeichung einer großen Menge von technischen Präzisionswiderstandskästen erspart.

Offen bleibt allerdings die Frage, durch welche Maßnahme die vollkommene zeitliche Konstanz aller Urmaße verbürgt werden kann, da man sich z. B. eine, wenn auch noch so geringfügige, so doch mit den Jahren bedenkliche »Verwitterung« und »Abgreifung« der Urmaße vorstellen kann. Man könnte daher daran denken, alle Ureichmaße zwar nicht an Naturkonstanten zu binden, aber mit naturgegebenen, zeitlich als unveränderlich angenommenen Größen dauernd zu vergleichen; die Zahlenwerte der festliegenden Urmaße, ausgedrückt in solchen natürlichen Größen, ließen sich bei steigender Genauigkeit und Verfeinerung der Meßmethoden mit immer mehr Dezimalen festlegen sowie durch langperiodisches Nachmessen mit einer festgehaltenen Meßgenauigkeit auf ihre zeitliche Konstanz nachprüfen.

Empfehlenswert scheint es, zu diesem Zweck solche Naturkonstanten zu wählen, die in der Relativitätstheorie und Quantenphysik eine besondere Rolle spielen und nicht nur rein zeitlich konstant sind, sondern auch mit Bezug auf raumzeitliche Koordinatensysteme und deren Bewegungszustand als invariant angesehen werden. Zu diesem Zweck könnte man z. B.

folgende 4 fundamentale Vergleichsurmaße wählen:

die Comptonsche Wellenlänge: λ_c, dim $[L]$,
die Lichtgeschwindigkeit im Vakuum, c_v, dim $[L\,T^{-1}]$,
das Plancksche Wirkungsquantum: h, dim $[Q\Phi]$,
die (negative) Elektronladung: e, dim $[Q]$. (76)

Diese Wahl ergibt einen engen Anschluß an das Kalantaroffsche $[L, T, Q, \Phi]$-Dimensionssystem, wie die Dimensionen der 4 Konstanten λ_c, c_v, e und h erkennen lassen.

In Anlehnung an einen Vorschlag von M. Planck (Wärmestrahlung, 2. Aufl., S. 167) könnte man für die Atomistik diese 4 konstanten Größen selbst als naturgegebene Einheiten wählen.

Dieses atomistische Maßsystem hätte als Grundeinheiten (unter Berücksichtigung der von Westphal in Physik, Aufl. 1939, angegebenen Werte):

die Comptonsche Wellenlänge: λ_c (= 2,4321 · 10^{-12} m)
die Lichtgeschwindigkeit in Vakuum: c_v (= 2,99776 · 10^8 ms⁻)
das Plancksche Wirkungsquantum: h (= 6,625 · 10^{-34} VAs²)
und die Elektronladung: e (= 1,602 · 10^{-19} As).

Als besonders wichtige abgeleitete Einheiten findet man:

eine atomistische Zeiteinheit: $t_a = \frac{\lambda_c}{c_v}$ (= 8,12 · 10^{-21} s)

eine magnetische Flußeinheit: $\varphi = \frac{h}{e}$ (= 4,14 · 10^{-15} Vs)

eine atomistische Masseneinheit: $m_c = \frac{h}{\lambda_c c_v}$ (= 9,1076 · 10^{-28} g)

eine atomistische Energieeinheit: $w = h \frac{c_v}{\lambda_c}$ (= 8,185 · 10^{-14} Joule).

Dabei wird die atomistische Masseneinheit m_a = Elektronenmasse m_e, da definitionsmäßig die Comptonsche Wellenlänge $\lambda_c = \frac{h}{m_e c_v}$ ist.

Ferner findet man auch, da $w = m_c c_v^2$ ist:

atomistische Energieeinheit = Energieäquivalent der Elektronmasse.

Außerdem werden im atomistischen Einheitensystem auch

die Feinstrukturkonstante $f = \frac{e^2}{h c_v} = 1$

sowie

die Rydbergsche Konstante $R = \frac{m_e e^4}{c_v h^3} = 1$.

Es ist somit ein ganz besonderer Vorteil dieses atomistischen λ_c-, c_v-, h-, e-Systems, daß die wichtigsten Naturkonstanten in diesem System den Wert 1 aufweisen, daß also durch dieses System das Rechnen in der Atomistik sehr erleichtert wird. Man beachte jedoch, daß ε_0 und μ_0 auch im λ_c-, c_v-, h-, e-System nicht den Wert 1 haben, sondern $\varepsilon_0 = 6{,}86 \cdot 10^{+1} \frac{e^2}{h c_v}$ und $\mu_0 = 1{,}46 \cdot 10^{-2} \frac{h}{e^2 c_v}$ sind (also in atomistischem Sinn nicht als elementare Naturkonstanten aufzufassen sind).

Die bisherigen meßtechnischen Bemühungen blieben aber lediglich auf die Kontrolle des Urmeters durch eine Lichtwellenlänge (bevorzugt wurde die rote Linie des Kadmiumlichtes)[1]) und auf Bestrebungen μ_0 für die Festlegung eines elektromagnetischen Urmaßes heranzuziehen, beschränkt; letztere beruhen einerseits auf Selbstinduktionsmessungen

[1]) „Die Physikalisch-Technische Reichsanstalt nennt als genaue Länge des Urmeter 1553163,5 Wellenlängen des roten Kadmiumlichtes.“

im Vakuum, andererseits auf Kraftmessungen zwischen zwei stromdurchflossenen Spulen mittels der Stromwaage, wodurch einerseits der Quotient Volt : Ampere festgelegt wird $\left(\text{da } \mu_0 = 4\pi\, 10^{-7}\, \frac{\text{V}}{\text{A}}\, \frac{\text{s}}{\text{m}} \text{ ist}\right)$, andererseits das Produkt Volt · Ampere (da 1 Newton = 10^5 dyn = 1 VAm^{-1}s ist).

XI. Anwendungen in der Dimensionsanalysis und Ähnlichkeitslehre

In den vorangehenden Abschnitten hatten wir ein einziges, übrigens im allgemeinen kaum beachtetes, Anwendungsgebiet der Dimensionsformeln besprochen und kamen zu folgenden Feststellungen:

A. Dimensionssysteme als Grundlage für Maßsysteme.

Dimensionssysteme eignen sich vorzüglich als Baugerüste für Maßsysteme, da man durch einfache Substitution der Grunddimensionen durch Grundeinheiten aus jedem allgemeinen Dimensionssystem ein eindeutig bestimmtes, universelles Einheitensystem ableiten kann (Regel der dimensionellen Kohärenz).

Als Grundlage diente die Einsicht, daß Dimensionsformeln als allgemeine, wertmäßig unbestimmte Einheitenbeziehungen aufgefaßt werden können. Hierbei liegt — wie gezeigt wurde — für die einzelnen Gebiete der Physik bloß die Zahl der voneinander unabhängigen Grunddimensionen fest (1 für Geometrie, 2 für Kinematik, 3 für Mechanik und Wärmelehre, 4 für Elektromagnetismus). Ihre Wahl scheint jedoch, wenigstens für Mechanik und Elektromagnetismus, nicht durch die Natur vorbestimmt, sondern lediglich durch das Streben nach möglichst einfachen und nur ganzzahlige Potenzen aufweisenden Dimensionsformeln einigermaßen bedingt zu sein.

Es sei nochmals ausdrücklich hervorgehoben, daß die Dimensionsformeln und -gleichungen im allgemeinen nur als mathematischer Ausdruck der Beziehungen physikalischer Größen, die sie darstellen, aufgefaßt werden dürfen. Nichtsdestoweniger spiegelt sich gerade in der Wahl der Grunddimensionen unsere Auffassung von den physikalischen Erscheinungen wieder:

Die Wahl von $[L]$ und $[T]$ stellt Raum und Zeit als Rahmen der Erscheinungen dar, die zwei weiteren Grunddimensionen $[Q]$ und $[\Phi]$ verkörpern den elektromagnetisch aufgebauten Inhalt, der in der Mechanik unaufgespalten als $[H]$ auftritt.

Hält man an diesen grundlegenden Einsichten fest, so kann man aus Dimensionsbetrachtungen noch auf einigen Gebieten Nutzen ziehen, die bisher nicht ganz zur Geltung kommen konnten, da über die physikalischen Dimensionen noch mancherlei Unklarheiten herrschten.

Aus den soeben besprochenen Einsichten ergibt sich sogleich folgende Feststellung:

B. Dimensionsformeln als physikalische Definitionsformeln.

Dimensionsformeln eignen sich vorzüglich zur knappen, qualitativen Erfassung der gegenseitigen Bindungen aller physikalischen Größen, denn diese Bindungen lassen sich — wie im Abschnitt IV nachgewiesen wurde — mathematisch stets als Potenzprodukte von höchstens 4 verschiedenen Grunddimensionen eindeutig darstellen. (Theorem der Beschränkung der Dimensionsformeln auf Potenzprodukte von 4 Grunddimensionen.)

Im Kalantaroffschen Maßsystem erscheinen Dimensionsformeln also stets in der Form

$$[G] = [L^a\, T^b\, Q^c\, \Phi^d] \quad \text{. . . . . (77)}$$

Obwohl Dimensionsformeln keinen »absoluten« Sinn haben, ist ihr Wert somit zur präzisen Erfassung der »relativen« Beziehungen zwischen physikalischen Größen unbestreitbar, so daß sie bei der physikalischen Begriffsbildung und auch im Unterricht eine ähnliche Rolle spielen können wie die Elemente-Formeln der Chemie.

Eine gewisse Analogie zwischen chemischen Elemente-Formeln und physikalischen Dimensionsformeln ist somit unbestreitbar, jedoch darf man nicht übersehen, daß zwar die Wesensgleichheit zweier physikalischer Größen, in einem gegebenen Dimensionssystem, unbedingt die Dimensionsgleichheit nach sich zieht, daß man aber umgekehrt aus der Dimensionsgleichheit nicht auf Wesensgleichheit schließen darf. Es ergibt sich z. B. im $[L\,T\,H]$-System für Arbeit und Drehmoment die gleiche Dimensionsformel $[H\,T^{-1}]$; diese stellt aber

im Falle der Arbeit

das skalare Produkt Kraft × Weg

$$([H\,T^{-1}\,L^{-1}]\,[L]) = [H\,T^{-1}] \quad \text{. . . . . . (78a)}$$

dar,

im Falle des Drehmomentes hingegen

das vektorielle Produkt Kraft × Hebelarm

$$[[H\,T^{-1}\,L^{-1}]\cdot[L]] = [H\,T^{-1}]. \quad \text{. . . . . . (78b)}$$

Die Dimensionsformeln sind somit bloß eine Art Stenogramme und können nicht alle wesentlichen Eigenschaften physikalischer Größen, die sie darstellen, zum Ausdruck bringen; insbesondere können weder der skalare, der vektorielle oder tensorielle Charakter noch die Quantelung oder Kontinuität physikalischer Größen in ihren Dimensionsformeln in Erscheinung treten. Nichtsdestoweniger kann man hieraus noch eine weitere Feststellung ableiten:

C. Dimensionsgleichungen als physikalische Kontrollgleichungen.

Die Dimensionsgleichungen eignen sich vorzüglich zur Kontrolle physikalischer Gleichungen, da diese nur dann zu Recht bestehen können, wenn außer der Zahlenwertgleichheit auch Dimensionsgleichheit auftritt. (Prinzip der Homogenität der Dimensionen.)

Dieses Prinzip ist zwar kein mathematisches, jedoch ist es eine physikalische Selbstverständlichkeit, denn nur wesensgleiche Größen können durch $=$, $+$ oder $-$ verbunden als Glieder einer Gleichung auftreten und Wesensgleichheit zieht stets auch Dimensionsgleichheit nach sich. Es bedarf somit keines weiteren Beweises.

Rein mathematisch betrachtet lassen sich allerdings, wie Brigdmann gezeigt hat, durch Addition physikalisch richtiger Gleichungen auch scheinbare physikalische Gleichungen aufstellen, welche den Zahlenwerten nach richtig sind, trotzdem deren Glieder nicht homogene Dimensionen haben;

z. B. entspricht der Zahlenwertgleichung:

$$v_n + s_n = g_n\, t_n + \tfrac{1}{2}\, g_n\, t_n^2,$$

eine nicht homogene Dimensionsgleichung:

$$[L\,T^{-1}] + [L] = [L\,T^{-2}]\,[T] + [L\,T^{-2}]\,[T^2].$$

Einer solchen Gleichung ließe sich aber physikalisch höchstens ein ähnlicher Sinn zusprechen, wie der berühmten Schulgleichung: x Stück Äpfel $+$ y Stück Birnen $=$ z Stück Obst. Der Begriff Obst umfaßt zwar die Begriffe Äpfel und Birnen, aber ohne die ihr Wesen vom allgemeinen Begriff Obst differenzierenden Merkmale, so daß es unmöglich ist, aus dem Gemisch von z Stück Obst, auch wenn man weiß, daß es zahlenmäßig aus den Gruppen $x + y$ besteht, irgendwie rückzuschließen, daß es sich um Äpfel und Birnen und nicht etwa um Kirschen und Pflaumen handelt.

Die präzise Begriffsfestlegung, welche dem ganzen Bau der Physik zugrunde liegt, erlaubt aber überhaupt nicht, solche Gleichungen als sinnvolle physikalische Gleichungen aufzufassen, denn sie würden ja nur eine einseitige Lesart gestatten, also nicht einmal dem elementarsten mathematisch-logischen Prinzip der Umkehrbarkeit der Gleichungen genügen.

D. Dimensionsanalysis als Forschungsmethode.

Ein weiteres, besonders wichtiges Anwendungsgebiet ist die Dimensionsanalysis; wenn auch bisher die allgemeine Vernachlässigung der Methodologie der Dimensions- und Maßsysteme eine gewisse Zurückhaltung gegenüber dimensionsanalytischen Untersuchungen aufkommen ließ, kann man doch folgende Feststellung machen:

Die Dimensionsanalysis eignet sich vorzüglich zur Aufdeckung noch unerforschter Beziehungen zwischen physikalischen Größen; ihren Hauptvorteil bildet ihre rasche und knappe Durchführbarkeit.

Als Grundlage dient die folgende Erkenntnis, welche sowohl das Prinzip der Homogenität der Dimensionen als auch das Theorem ihrer Beschränkung auf Potenzprodukte in sich schließt und durch eine weitere Einsicht, betreffend das Auftreten von dimensionslosen Zahlenwerten, erweitert wird: Jede allgemeine Beziehung zwischen physikalischen Größen

$$\varphi(G, H, J, \ldots) = 0, \quad \ldots \ldots \ldots \quad (79)$$

deren n Veränderliche $G, H, J, \ldots$ vermittels eines dimensionell-kohärenten Maßsystems mit m Grundeinheiten (l, t, w, ...) durch linear zugeordnete Zahlen erfaßt werden, läßt sich durch Bildung von $(n-m)$ verschiedenen Produkten nullter Dimension

$$\Pi = G^{\alpha} H^{\beta} J^{\gamma} \ldots \quad \dim \Pi = 0 \quad \ldots \ldots \quad (80)$$

auf die spezielle Form bringen

$$\Phi(\Pi_1, \Pi_2 \ldots \Pi_{n-m}) = 0, \quad \dim \Phi = 0. \quad \ldots \ldots \quad (81)$$

Im allgemeinen ist eine explizite Auflösung dieser Gleichung nach einer der Veränderlichen möglich und hat die Form

$$G = H^{-\beta/\alpha} \; J^{-\gamma/\alpha} \ldots \psi(\Pi'_2 \ldots \Pi'_{n-m}), \quad \dim \psi = 0, \quad \ldots \quad (82)$$

wobei die $n-m-1$-Produkte Π' die Größe G nur noch in nullter Potenz enthalten dürfen.

(Theorem der Beschränkung physikalischer Gleichungen auf Produkte aus Potenzen physikalischer Größen und irgendwelchen Funktionen dimensionsloser Zahlenwerte, kurz Π-Theorem genannt.)

Dieses Theorem scheint zuerst von Buckingam [8] ausdrücklich formuliert worden zu sein. Es erweist sich als Folge der Unabhängigkeit der Größengleichungen von der Wahl spezieller Einheiten — bei Beschränkung auf dimensionell-kohärente Maßsysteme — ähnlich wie sich das Prinzip der Potenzprodukte (Kap. II. B.) als Folge der Unabhängigkeit des Verhältniswertes wesensgleicher Größen von der Wahl spezieller Einheiten — bei Beschränkungen auf lineare Zuordnung — erwies.

In der Tat liegt, wie in Kap. VI bewiesen wurde, nur die Zahl m der Grundeinheiten bzw. -dimensionen fest, und zwar ist in der Energetik (Mechanik und Wärmelehre) $m = 3$, in der Elektromagnetik $m = 4$; die Wahl spezieller Grunddimensionen und -einheiten bleibt hingegen frei. Was für Dimensionen und Einheiten gilt, gilt natürlich auch für die entsprechenden Größen, da die Einheiten selbst physikalische Größen sind.

Man kann demnach unter den n gegebenen Größen der Funktionen φ ohne weiteres m von einander unabhängigen Größen (H, J ...) herausgreifen und als Grundgrößen betrachten. Jede der übrigen $n - m$-Größen läßt sich dann, entsprechend dem in Kap. II. B. bewiesenen Prinzip, als Potenzprodukt der gewählten Grundgrößen darstellen:

$$G = H^x J^y \ldots \quad \text{wobei} \dim G = \dim H^x J^y \ldots \qquad (83)$$

ist.

Daraus folgt unmittelbar, daß man aus den $n - m$-Größen G und den »Hilfsgrundgrößen« H, J ... stets $n - m$ dimensionslose Potenzprodukte bilden kann, da nämlich jedenfalls für

$$\Pi = G^{-1} H^x J^y \ldots \quad \dim \Pi = 0 \qquad (84)$$

ist. Was zu beweisen war.

Es erübrigt sich also auf die komplizierte, mathematische Beweisführung, die Brigdman-Holl brachten [siehe 8b] zurückzugreifen.

Man beachte noch, daß es demnach für jedes physikalische Problem so viele verschiedene Lösungsmöglichkeiten gibt, als man aus den n gegebenen Größen verschiedene Gruppen zu je m (3 bzw. 4) Größen als Hilfsgrundgrößen herausgreifen kann.

So oft ein gestelltes physikalisches Problem eine Lösung zuläßt, ist somit die gesuchte Veränderliche G stets ein Potenzprodukt der gegebenen Veränderlichen H, J, ..., multipliziert mit einer dimensionsanalytisch nicht ermittelbaren Funktion ψ, deren Argumente Π dimensionslose Zahlenwerte sind.

Transzendente Funktionen von physikalischen Größen G (wie $\ln G$, $\sin G$ usw.) sind daher zwar mathematisch möglich, aber physikalisch sinnlos, außer wenn G eine Größe nullter Dimension (z. B. $[W^0]$, $[L^0]$ usw.) ist.

Es besteht hingegen für die Funktion ψ keine Beschränkung, sie kann auch in höchstem Grade transzendent sein; ihre Argumente Π können jedoch als Ganzes betrachtet nur reine Zahlen oder der Gruppe der Zahlenwerte angehörige Größen nullter Dimension (z. B. Winkel, Entropie usw.) sein.

Auch die Exponenten der physikalischen Größen (Quantitäten und Potentiale), die in der Lösung als Potenzprodukte auftreten, können nur reine (dimensionslose) Zahlen sein; jedoch ist eine Beschränkung auf ganze Zahlen nicht gegeben, vielmehr können auch Brüche auftreten. Die Beschränkung auf ganzzahlige Exponenten ergibt sich lediglich aus der Forderung nach Bequemlichkeit und ist nur als besonderer Vorteil bestimmter Dimensionssysteme, z. B. des Kalantaroffschen Systems, zu werten.

Die allgemeine Methode der Dimensionsanalysis, die sich aus obigen Einsichten ergibt, ist höchst einfach:

Erstens stellt man eine Liste aller n physikalischen Größen (G, H, J, ...) auf, die in ein gegebenes Problem eingehen können, und schreibt neben die Symbole dieser Größen ihre Dimensionsformeln (die bekannt sein müssen) sowie die zugeordneten D-Einheiten. Welches Dimensionssystem und welches D-Einheitensystem man anwendet, ist an sich gleichgültig, sofern die Zahl der Grunddimensionen und -einheiten richtig gewählt wurde. Jedoch bevorzugte man, der bereits erörterten Bequemlichkeitsgründe eingedenk,

für die Mechanik und Energetik das $[LTW]$ msJ-System,
für die Elektromagnetik das $[LTQ\Phi]$ msAV-System.

Zweitens bildet man aus der gesuchten Größe G und den übrigen Größen H, J, ... vorerst eine Größengleichung der Form

$$G = H^x J^y \dots \psi, \qquad (85)$$

in welcher x, y, ... die zu ermittelnden Exponenten sind, während ψ dem Π-Theorem entsprechend eine dimensionslose Zahlenfunktion darstellt.

Drittens setzt man an die Stelle der Größensymbole die entsprechenden Dimensionsformeln; hiermit erhält man eine Dimensionsgleichung der Form

$$[L^{\lambda_g} T^{\tau_g} \dots] = [L^{\lambda_h} T^{\tau_h} \dots]^x [L^{\lambda_j} T^{\tau_j} \dots]^y \dots, \qquad (86)$$

in welcher λ_g, τ_g, ..., λ_h, τ_h, ..., λ_j, τ_j ... die bereits bekannten Exponenten von $[L]$, $[T]$, ... in den Dimensionsformeln von G, H, J, ... darstellen.

Viertens ergibt die Gleichsetzung der Exponenten der Grunddimensionen der linken und rechten Seite für die gesuchten Exponenten x, y, ... so viele Bestimmungsgleichungen

$$\lambda_g = x \cdot \lambda_h + y \cdot \lambda_j \dots; \quad \tau_g = x \cdot \tau_h + y \cdot \tau_j \dots \qquad (87)$$

als Grunddimensionen in das gegebene Problem eingehen, also

3 Bestimmungsgleichungen
für Probleme der Energetik, Mechanik und Wärmelehre,

4 Bestimmungsgleichungen
für Probleme der Elektromagnetik.

Dimensionsanalytisch eindeutig lösbar ist also ein Problem im allgemeinen nur, wenn die gesuchte Größe von nicht mehr als 3 anderen Größen abhängt, wenn es sich um ein Problem der Mechanik oder Energetik handelt und von nicht mehr als 4 in der Elektromagnetik, also wenn $n - m$ nicht größer ist als 1.

Ist $n - m$ hingegen größer als 1, so muß man vorerst versuchen, $n - m$ verschiedene dimensionslose Potenzprodukte Π aus den gegebenen Größen zu bilden, wovon nur eines die gesuchte Größe G enthalten darf, da sonst eine eindeutige Lösung nicht erreicht werden kann; mit dem letzteren Potenzprodukt Π_G verfährt man dann wie eben beschrieben, um die gesuchten Exponenten x, y, ... zu ermitteln.

Die gesuchte Lösung ergibt sich nunmehr durch Einsetzen der ermittelten Werte $x = a$, $y = b$, ... in die Ausgangsgleichung, so daß diese die Form annimmt:

$$G = \psi H^a J^b \quad \ldots \ldots \ldots \ldots \quad (88)$$

Die Funktion ψ, welche ein konstanter Zahlenfaktor, eine dimensionslose Zahlenwertgröße oder irgendeine trigonometrische, logarithmische oder gar transzendente Funktion dimensionsloser Größen sein kann, also in jedem Falle nur eine reine Zahlenfunktion darstellt, läßt sich, wie zu erwarten war, dimensionsanalytisch nicht bestimmen.

Es ist somit nicht möglich, eine durch die Dimensionsanalyse aufgedeckte Größenbeziehung ohne weiteres als Größengleichung anzusehen. Es sind jedoch nach Wahl beliebiger, den Grunddimensionen zugeordneter Grundeinheiten bereits für alle auftretenden Größen auch die entsprechenden D-Einheiten durch die Regel der dimensionellen Kohärenz festgelegt, so daß sich die Werte der Funktionen ψ ohne weiteres eindeutig experimentell ermitteln lassen.

E. Ähnlichkeitstheorie.

Man macht sich diese Erkenntnis in der Technik allgemein zunutze, indem man bei Aufgaben, die so verwickelt sind, daß eine exakte mathematische Lösung Schwierigkeiten bereitet und deren experimentelle Erforschung in natura zu kostspielig wäre, auf Grund dimensionsanalytischer Betrachtungen die allgemeinen Beziehungen zwischen den in Frage kommenden Größen feststellt, und die entsprechenden Zahlenfaktoren durch Modellversuche ermittelt.

Man nennt derartige Anwendungen der Dimensionsanalysis »Ähnlichkeitsbetrachtungen«.

Das Wesen zweier vollkommen ähnlicher Vorgänge ist, daß man sie durch rein maßstäbliche Vergrößerungen oder Verkleinerungen zur vollkommenen Übereinstimmung bringen kann. Die Verhältniszahlen, mit denen die Grundeinheiten multipliziert oder dividiert werden müssen, um aus der Ähnlichkeit der Vorgänge Gleichheit herzustellen, nennt man (in Analogie zum kartographischen Sprachgebrauch) Übertragungsmaßstäbe λ, obwohl es reine Zahlenfaktoren sind. Bei der Übertragung eines beliebigen Naturvorganges auf ein Modell, muß man demnach für jede physikalische Größe die Übertragungsmaßstäbe für Länge λ_L, Zeit λ_T, Energie λ_W

oder Elektrizitätsmenge λ_Q und magnetischer Fluß λ_P, mit denjenigen Potenzen einsetzen, die sich aus der Multiplikation der Potenz der betreffenden Dimension (die man aus der Dimensionsformel entnimmt), mit der Potenz der betreffenden Größe (die man aus dem dimensionslosen Potenzprodukt entnimmt), ergeben. Tritt in einem Potenzprodukt Π, z. B. die Dimensionsformel $[WL^{-5}\, T^2]^2$ auf, so hat man mit den Übertragungsmaßstäben λ_L^{-10}, λ_T^4 und λ_W^2 zu rechnen. Welches Dimensionssystem man hierbei verwenden will, ist selbstverständlich gleichgültig und bloß eine Gewohnheits- oder Bequemlichkeitsfrage, vorausgesetzt, daß die Zahl der Grunddimensionen richtig gewählt wurde.

Es ist leicht einzusehen, daß zwei Systeme der Form

$$G_1 = H_1^a\, J_1^b \ldots \psi\,(\Pi_1', \Pi_2' \ldots) \quad \ldots\ldots\ldots \quad (89)$$

$$G_2 = H_2^a\, J_2^b \ldots \psi\,(\Pi_1'', \Pi_2'' \ldots) \quad \ldots\ldots \quad (90)$$

als physikalisch ähnliche Systeme gelten können, sofern ihre dimensionslosen Argumente innerhalb des Funktionszeichens ψ gleiche Zahlenwerte $\Pi_1' = \Pi_1''$, $\Pi_2' = \Pi_2''$, ... haben. Diese dimensionslosen Potenzprodukte Π werden auch oft Kennziffern genannt. (E. Weber, das »Ähnlichkeitsprinzip der Physik« [8d]).

Werden die beiden betrachteten physikalischen Systeme in die implizite Form gekleidet:

$$\Phi\,(\Pi_1', \Pi_2' \ldots \Pi_{m-n}') = 0 \quad \ldots\ldots\ldots \quad (91)$$

$$\Phi\,(\Pi_1'', \Pi_2' \ldots \Pi_{n-m}'') = 0 \quad \ldots\ldots\ldots \quad (92)$$

so besteht Ähnlichkeit bereits, wenn $n - m - 1$ der dimensionslosen Kenngrößen einander gleich sind; denn aus der Gleichheit der Funktion Φ in den beiden Fällen (in der sich die Gleichheit der beiden physikalischen Vorgänge widerspiegelt) folgt auch die Gleichheit der $(n - m)$ten Kenngrößen Π_{n-m}' und Π_{n-m}''. Auch von dieser Erkenntnis macht man in der experimentellen Ähnlichkeitsforschung oft Gebrauch [8].

Ähnlichkeitsbetrachtungen und Modellversuche spielen bekanntlich besonders in der Aero- und Hydrodynamik eine große Rolle.

Durch ein Beispiel aus der Hydrodynamik sei daher die geschilderte Methode veranschaulicht.

Es soll der Bewegungswiderstand eines Körpers von bestimmter Form durch eine unendlich ausgedehnte, unzusammendrückbare Flüssigkeit ermittelt werden.

Die Form des gegebenen Körpers läßt sich durch eine einzige charakteristische Länge l und durch eine entsprechende Anzahl von Verhältniszahlen dieser Länge zu anderen charakteristischen Abmessungen durch sogenannte Formfaktoren λ eindeutig erfassen; (z. B. genügen für ein Ellipsoid die Kenntnis der Abmessung einer Achse und der Verhältniszahl der beiden Achsen.)

Die Liste der übrigen Größen, von denen der Bewegungswiderstand abhängen kann, einschließlich ihrer Symbole und der entsprechenden $[LTW]$- bzw. $[LTM]$-Dimensionsformeln sowie m, s, J bzw. m, s, kg-Einheiten setzt sich hiermit (unter Vernachlässigung der Schwerkraft und der Kompressibilität der Flüssigkeit, d. h. bei Beschränkung auf nicht allzu schnelle horizontale Bewegungen) wie folgt zusammen:

Name der Größen:	Symbole:	Dimensionsformeln:	*D*-Einheiten:
Bewegungswiderstand (Kraft)	R	$[WL^{-1}] = [MLT^{-2}]$	Newton = $Jm^{-1} = kg\,m\,s^{-2}$
Charakt. lineare Ausdehnung des Körpers . . .	l	$[L]$	m
Formfaktoren des Körpers	$\lambda_1, \lambda_2 \ldots$	$[L^0]$	reine Zahl
Relative Geschwindigkeit.	v	$[LT^{-1}]$	$m\,s^{-1}$
Zähigkeit der Flüssigkeit.	μ	$[WL^{-3}T] = [ML^{-1}T^{-1}]$	$Jm^{-3}s = kg\,m^{-1}s^{-1}$
Dichte des Flüssigkeit . .	δ	$[WL^{-5}T^2] = [ML^{-3}]$	$Jm^{-5}s^2 = kg\,m^{-3}$

Die Dimensionsformeln dieses Beispiels zeigen, daß es mitunter vorteilhaft scheinen kann, statt des $[LTW]$-Systems ein anderes dreidimensionales System zu verwenden, z. B. das $[LTM]$-System; dem steht natürlich nichts im Wege. Nichtsdestoweniger soll die folgende Rechnung im $[LTW]$-System durchgeführt werden, um zu zeigen, daß sie unabhängig vom gewählten System stets recht einfach ist.

Da die Formfaktoren $\lambda_1, \lambda_2, \ldots$ dimensionslos sind, bleiben im ganzen $n = 5$ Größen übrig, gegen $m = 3$ Grunddimensionen, so daß $n - m = 2$ ist. Dem Π-Theorem entsprechend muß man also je 2 verschiedene dimensionslose Potenzprodukte aus den gegebenen Größen bilden, von denen nur je eines die Größe R enthalten darf, und 2 Lösungen erwarten.

Wir setzen daher zunächst die übrigen Größen zu einem Potenzprodukt zusammen:

$$l^p v^q \mu^r \delta^s = \Pi$$

dem als Dimensionsgleichung entspricht:

$$[L]^p [LT^{-1}]^q [WL^{-3}T]^r [WL^{-5}T^2]^s = [WLT]^0.$$

Daraus ergeben sich die Bestimmungsgleichungen:

$$\begin{aligned} p + q - 3r - 5s &= 0 \text{ (Bedingung für } [L]), \\ -q + r + 2s &= 0 \text{ (Bedingung für } [T]), \\ r + s &= 0 \text{ (Bedingung für } [W]). \end{aligned}$$

Man findet als Lösung leicht

$$q = s = -r = p.$$

Das gesuchte dimensionslose Produkt ist also

$$\Pi = \frac{l\,v\,\delta}{\mu}.$$

Die dimensionslose Funktion ψ ist somit

$$\psi\left(\frac{l\,v\,\delta}{\mu}, \lambda_1, \lambda_2 \ldots\right).$$

Nun versucht man erst, das Potenzprodukt

$$R = l^u\, v^v\, \mu^w,$$

dem die Dimensionsgleichung entspricht

$$[WL^{-1}] = [L]^u\, [LT^{-1}]^v\, [WL^{-3}\, T]^w.$$

Die sich hieraus ergebenden Bestimmungsgleichungen sind:

$$\begin{aligned} 1 &= w && \text{(Bedingung für } [W]),\\ -1 &= u + v - 3w && \text{(Bedingung für } [L]),\\ 0 &= -v + w && \text{(Bedingung für } [T]), \end{aligned}$$

woraus sofort folgt:

$$v = w = 1 \quad \text{und} \quad u = 1.$$

Die erste mögliche Lösung ist also

$$R = l\, v\, \mu.$$

Nun versucht man das zweite mögliche Potenzprodukt

$$R = l^x\, v^y\, \delta^z,$$

dem die Dimensionsgleichung entspricht:

$$[WL^{-1}] = [L]^x\, [LT^{-1}]^y\, [WL^{-5}\, T^2]^z.$$

Hieraus erhält man die Bestimmungsgleichungen

$$\begin{aligned} 1 &= z && \text{(Bedingung für } [W]),\\ -1 &= x + y - 5z && \text{(Bedingung für } [L]),\\ 0 &= -y + 2z && \text{(Bedingung für } [T]), \end{aligned}$$

woraus man schließt

$$z = 1,\; y = 2,\; x = 2.$$

Die zweite mögliche Lösung ist also

$$R = l^2\, v^2\, \delta.$$

Auf dem Wege der Dimensionsanalysis ergeben sich somit zwei verschiedene mögliche Modelgesetze

$$R_1 = l\, v\, \mu \quad \psi_1\left(\frac{\mu}{v\, l\, d}, \lambda_1, \lambda_2 \ldots\right)$$

$$R_2 = l^2\, v^2\, \delta\, \psi_2\left(\frac{\mu}{v\, l\, d}, \lambda_1, \lambda_2 \ldots\right).$$

Beide eignen sich vorzüglich zur Ausführung von Modellversuchen, wobei die physikalische Ähnlichkeit durch konstante Werte der Argumente (Kennziffern) $\frac{\mu}{v l d}$, λ_1, λ_2 ... erzielt wird. Solche Versuche erweisen, daß das Modelgesetz R_1 nur für kleine Geschwindigkeiten, R_2 hingegen für höhere Geschwindigkeiten gilt.

Schon an diesem einfachen Beispiel ist zu erkennen, daß die dimensionsanalytische Ermittlung von »Ähnlichkeitsgesetzen« besondere physikalische Vorkenntnisse erfordert, da man auf rein formalem Wege die gegebenen Größen zu dimensionslosen Kenngrößen zusammensetzen könnte, die den tatsächlich auftretenden physikalischen Vorgängen nicht entsprechen würden.

Trotzdem leisten bekanntlich Ähnlichkeitsbetrachtungen und experimentelle Modellforschungen hervorragende Dienste bei komplizierten physikalischen Problemen, ja es gelang sogar für physikalisch-chemische Vorgänge zweckentsprechende Modellgesetze aufzustellen. (Vgl. z. B. Traustel, Ein Modellgesetz zur vergleichenden Prüfung der Reaktionsfähigkeit fester Brennstoffe, Feuerungstechnik, H. 1, 1943).

F. Freie Dimensionsforschung.

Schließlich sei noch auf ein für die theoretische Physik besonders reizvolles Anwendungsgebiet hingewiesen:

Völlig freie Dimensionsbetrachtungen können zu schöpferischer Entdeckung noch unbeachtet gebliebener physikalischer Beziehungen und Gesetzmäßigkeiten führen und der eigentlichen physikalisch-experimentellen Forschung bahnbrechend vorangehen.

In Kap. VI wurde bereits an zwei Fällen gezeigt, wie man durch Dimensionsbetrachtungen die Existenzmöglichkeit physikalischer Gleichungen entdecken kann.

Wie wertvoll sich gerade auf diesem Gebiete das Kalantaroffsche Dimensionssystem kraft seiner bereits besprochenen Analogien erweist, sei an einem weiteren Beispiel gezeigt.

Der auffallend ähnliche Bau der beiden Coulombschen Gleichungen mit dem Newtonschen Attraktionsgesetz verleitet zur Vermutung wesensbedingter physikalischer Zusammenhänge zwischen diesen 3 Gesetzen. Jedoch ergibt eine dimensionelle Untersuchung zunächst nur folgendes Bild:

Den beiden Coulombschen Gesetzen

$$P_e = \frac{1}{\varepsilon} \frac{Q_1 Q_2}{4 \pi r^2} \quad \text{und} \quad P_m = \frac{1}{\mu} \frac{\Phi_1 \Phi_2}{4 \pi r^2} \quad \ldots \ldots \quad (93)$$

entsprechen in der Tat im Kalantaroffschen System die beiden vollkommen analog gebauten Dimensionsgleichungen:

$$[Q \Phi L^{-1} T^{-1}] = [Q \Phi^{-1} L^{-1} T]^{-1} \frac{[Q]^2}{[L]^2} \quad \ldots \ldots \quad (94)$$

und

$$[Q\,\Phi\,L^{-1}\,T^{-1}] = [Q^{-1}\,\Phi\,L^{-1}\,T]^{-1}\,\frac{[\Phi]^2}{[L]^2} \quad . \; . \; . \; . \; . \; . \quad (95)$$

Dem Newtonschen Attraktionsgesetz

$$P_g = \gamma\,\frac{M_1\,M_2}{4\,\pi\,r^2} \quad . \; . \; . \; . \; . \; . \; . \; . \; . \; . \; . \quad (96)$$

entspricht aber zunächst eine mit (94) und (95) wenig Ähnlichkeit aufweisende Dimensionsgleichung

$$[Q\,\Phi\,L^{-1}\,T^{-1}] = [Q^{-1}\,\Phi^{-1}\,L^5\,T^{-3}]\,\frac{[Q\,\Phi\,L^{-2}\,T]^2}{[L]^2} \quad . \; . \; . \; . \quad (97)$$

Doch läßt sich das Newtonsche Gesetz durch die Äquivalenzbeziehung zwischen Masse und Energie $W = M c^2$ auf die Form bringen:

$$P_g = \frac{\gamma}{c^4}\,\frac{W_1\,W_2}{4\pi\,r^2} = \frac{1}{\omega}\,\frac{W_1\,W_2}{4\,\pi\,r^2} \quad . \; . \; . \; . \; . \; . \; . \quad (98)$$

Dieser Größengleichung entspricht bereits die Dimensionsgleichung

$$[Q\,\Phi\,L^{-1}\,T^{-1}] = [Q\,\Phi\,L^{-1}\,T^{-1}]^{-1}\,\frac{[Q\,\Phi\,T^{-1}]^2}{[L^2]} \quad . \; . \; . \; . \quad (99)$$

Nun gelingt es leicht, diese Dimensionsgleichung umzuformen in:

$$[Q\,\Phi\,L^{-1}\,T^{-1}] = [Q\,\Phi\,L^{-1}\,T]^{-1}\,\frac{[Q\,\Phi]^2}{[L]^2} \quad . \; . \; . \; . \; . \; . \quad (100)$$

Diese Dimensionsgleichung erlaubt es, eine entsprechende neue physikalische Größengleichung aufzustellen, nämlich:

$$P_g = \frac{1}{\alpha}\,\frac{H_1\,H_2}{4\,\pi\,r^2} \quad . \; . \; . \; . \; . \; . \; . \; . \; . \; . \quad (101)$$

In dieser Form ist die Analogie zu (93) auffallend; dabei treten die bereits bei der Besprechung des Kalantaroffschen Systems hervorgehobenen Zuordnungen des Produktes $[Q\Phi]$ zu $[Q]$ und $[\Phi]$ allein bzw. zu den Quotienten $[Q\Phi^{-1}]$ und $[Q^{-1}\Phi]$ deutlich in Erscheinung.

Andererseits findet man durch Multiplikation der beiden Coulombschen Gesetze die Gleichung:

$$P_e\,P_m = \frac{1}{\varepsilon\,\mu}\,\frac{Q^2\,\Phi^2}{(4\,\pi\,r^2)^2} = c^2\,\frac{H^2}{(4\,\pi\,r^2)^2} \quad . \; . \; . \; . \; . \quad (102)$$

$$[Q\,\Phi\,L^{-1}\,T^{-1}]^2 = [L\,T^{-1}]^2\,\frac{[Q\,\Phi]^2}{[L^2]^2} \quad . \; . \; . \; . \; . \; . \quad (103)$$

Diese Gleichung stimmt überein mit der zum Quadrat erhobenen Gleichung (101):

$$P_g^2 = \frac{1}{\alpha^2}\,\frac{H_1^2\,H_2^2}{(4\,\pi\,r^2)^2} = \frac{H^2}{\alpha^2}\,\frac{H^2}{(4\,\pi\,r^2)^2} \quad . \; . \; . \; . \; . \; . \quad (104)$$

$$[Q\,\Phi\,L^{-1}\,T^{-1}]^2 = [Q\,\Phi\,L^{-1}\,T]^{-2}\,\frac{[Q\,\Phi]^4}{[L^2]^2} = [L\,T^{-1}]^2\,\frac{[Q\,\Phi]^2}{[L^2]^2} \quad (105)$$

Es scheint also zwischen den elektrischen und magnetischen Kräften und der allgemeinen Gravitationen eine Beziehung zu geben $P_g{}^2 = P_e P_m$, die der Beziehung $c^2 = (\varepsilon \mu)^{-1}$, die sie in sich schließt, auffallend ähnlich gebaut ist.

Die Gravitation erscheint somit, gewissermaßen als resultierender Rest elektrischer und magnetischer Kräfte, aus dem elektromagnetischen Aufbau der Materie ableitbar. Der tiefere physikalische Sinn der Gleichung (101), in welcher an Stelle der Masse M, die Plancksche Wirkungsgröße H in Erscheinung tritt, bleibt allerdings noch zu ergründen. Doch liegen bei Anwendung der Regel der dimensionellen Kohärenz für alle in (101) auftretenden Größen die entsprechenden Giorgischen D-Einheiten bereits fest; sie ließe sich also ohne weiteres auch experimentell erforschen.

Bringt man nun die obigen Gleichungen (93) und (101) noch zu der bereits früher aufgestellten Vermutung der Existenzberechtigung einer Lichtquantengleichung

$$h = e\varphi \quad \dim [Q\Phi] = [Q]\,[\Phi] \quad \ldots\ldots \quad (106)$$

in Beziehung, so eröffnen sich ganz neue Ausblicke in dem elektromagnetischen Aufbau der Materie und der offenbar damit zusammenhängenden allgemeinen Dualität zwischen Korpuskular- und Wellennatur der mikrokosmischen Erscheinungswelt.

Von Interesse ist in diesem Zusammenhang noch die Existenz folgender Zerlegbarkeit:

Aus dem Quadrat der Gleichung (98):

$$P_g{}^2 = \frac{1}{\omega^2} \frac{W_1{}^2 W_2{}^2}{(4\pi r^2)^2} \quad \ldots\ldots \quad (107)$$

$$[Q\Phi L^{-1} T^{-1}]^2 = [Q^{-1} \Phi^{-1} L T]^2 \frac{[Q\Phi T^{-1}[^4}{[L^2]^2} \quad . \quad (108)$$

ergibt sich durch Division durch die Gleichung (93):

$$P_m = \frac{1}{\mu} \frac{\Phi_1 \Phi_2}{4\pi r^2} \quad \ldots\ldots\ldots\ldots \quad (93)$$

$$[Q\Phi L^{-1} T^{-1}] = [Q^{-1} \Phi L^{-1} T]^{-1} \frac{[\Phi]^2}{[L^2]} \quad \ldots\ldots \quad (95)$$

eine Dimensionsgleichung:

$$[Q\Phi L^{-1} T^{-1}] = [Q\Phi^{-1} L^{-1} T^{-1}]^{-1} \frac{[Q T^{-1}]^2}{[L^2]} \quad \ldots\ldots \quad (109)$$

der eine physikalische Gleichung entspricht:

$$P_e = \frac{1}{\iota} \frac{I_1 I_2}{4\pi r^2} \quad \ldots\ldots\ldots\ldots \quad (110)$$

Eine physikalische Deutung dieser Beziehungen ist naheliegend, wenn man $[\Phi]$ als Dimension von Protonen, $[QT^{-1}]$ als Dimension der um sie kreisenden Elektronen auffaßt. Dadurch wäre die allgemeine Eigenschaft der Materie, Gravitationskräfte hervorzurufen, auf die Eigenschaft der Elektronen und Protonen, elektromagnetische Kräfte im umgebenden Äther zu erzeugen, zurückführbar.

Besondere Beachtung verdient noch die Feststellung, daß der dimensionsanalytische Standpunkt des $[TLQ\Phi]$-Systems auch gewisse Klarstellungen der physikalischen Begriffe der Atomistik herausfordert, z. B. erscheint es sinnlos, von der Energie oder der Masse eines Elektrons zu sprechen, sofern man unter dem Begriff Elektron außer der elektrischen Ladung (e) nicht auch noch gleichzeitig einen magnetischen Fluß (φ) mitversteht, der vielleicht vom Elektronspinn verkörpert oder durch kreisende Elektronen im umgebenden Äther erzeugt, gedacht werden kann. Doch ist auch die Möglichkeit eines letzten Endes korpuskulardualen Aufbaues der elektromagnetischen Materie aus Elektronen (e) oder noch kleineren elektrischen Bausteinen und Magnetonen $\left(\varphi = \frac{h}{e}\right)$ oder noch kleineren magnetischen Bausteinen nicht ohne weiteres zu verwerfen. Diese und ähnliche dimensionelle Überlegungen fanden leider in der Atomistik bisher scheinbar nur wenig Beachtung.

Jedenfalls erbringen diese Betrachtungen den Nachweis, daß die vielseitigen Anwendungsmöglichkeiten des Kalantaroff-Giorgischen D-Systems auch für das Gebiet der theoretischen Physik mancherlei Vorteile bieten.

XII. Schlußfolgerungen

Einheiten sind Werkzeuge, ohne die Wissenschaft und Technik die physikalischen Naturvorgänge nicht erforschen und beherrschen könnten; erst mit ihrer Hilfe gelingt es, deren gesetzmäßigen Ablauf quantitativ, d. h. durch Zahlen zu erfassen und rechnerisch vorauszusagen. Denn jede physikalische Größe (d. h., erkenntnistheoretisch zutreffender ausgedrückt, jeder physikalische Begriff) läßt sich in einen qualitativen Wesensinhalt und eine quantitative Größenausdehnung zerlegt denken. Der qualitative Sinn der einzelnen physikalischen Größen bleibt aber in ihren Einheiten verkörpert, da diese selbst physikalische Größen sind. Daraus folgt, daß der Aufbau von Einheitensystemen an die naturgegebenen Zusammenhänge zwischen den physikalischen Größen gebunden bleibt (siehe Kap. I u. II).

Dies ist der Grund, warum sich nur schrittweise, vorerst für die einzelnen Teilgebiete der Physik, voneinander verschiedene Einheitssysteme entwickeln konnten und manche Irr- und Umwege, wie sie uns aus dem geschichtlichen Rückblick (Kap. III.) entgegentraten, unvermeidbar waren. Doch ist es auffallend, daß sich gegenüber den 1893 festgelegten C.G.S.-Systemen die technischen Einheiten, die auf das Jahr 1867 zurückgehen, allmählich in den Vordergrund schoben, bis es 1935 zur Annahme des Giorgischen (V, A, m, s) Einheitensystems durch die I.E.C. kam (s. Kap. IV).

Auch dieser Vorgang läßt sich erklären. Die Physiker mußten, um überhaupt Neuland experimentell erforschen zu können, für jede neueinzuführende Größe sogleich eine Einheit festlegen, noch ehe ihr Zusammenhang mit den übrigen, älteren Größen des betreffenden Gebietes der Physik klar überblickt werden konnte, und konnten also Einheitensysteme stets nur als nebensächliches Hilfsmittel betrachten.

Die Techniker hingegen hatten hernach die Möglichkeit, praktischere Einheiten für bereits erforschte Gebiete aufzustellen, und waren seit jeher bemüht, sie zu möglichst bequemen Systemen auszubauen; denn in der Technik schenkt man dem Meßwerkzeug stets fast gleiche Bedeutung wie dem physikalischen Werkstoff selbst.

Nun ist es der wissenschaftlichen Forschung allmählich gelungen, die großen Teilgebiete der Physik: Mechanik, Elektromagnetik und Wärmelehre zu einem einzigen Bau zusammenzuschweißen, und — zumindest die Makrophysik — auch mathematisch-physikalisch eindeutig zu erfassen. Die Forderung nach einem universellen und praktischen Maßsystem, die sich aus diesem Fortschritt ergibt, läßt sich aber nur erfüllen, wenn man vorerst auf die geschichtliche Entwicklung keine Rücksicht nimmt und auf die allgemeinen Grundlagen der Bildung von Maßsystemen zurückgreift (s. Kap. II).

Den Ausgangspunkt für die Festlegung von Einheiten bildet die lineare Zuordnungsgleichung:

$$\text{Physikalische Größe } G = \text{Zahlenwert } G_n \times \text{Einheit } [G],$$

$$\text{z. B. Geschwindigkeit } v = \text{algebr. Zahl } v_n \times \text{Einheit ms}^{-1}.$$

Zwar ist diese lineare Zuordnung mathematisch nicht die einzig mögliche, doch ist sie physikalisch die einzig richtige, da nur durch sie die logische Forderung erfüllt wird, daß zwei gegebenen Größen gleicher Art nur eine, »absolute« Verhältniszahl entspricht $\left(\text{z. B. } \frac{v_1}{v_2}\right)$, die von der Wahl der Einheiten unabhängig bleibt.

Aus dem Prinzip der linearen Zuordnung folgt ferner, daß, sofern sich einige Einheiten (z. B. die Einheit von v) aus anderen, bereits festgelegten Einheiten (z. B. den Einheiten von l und t) ableiten lassen, die abgeleiteten Einheiten nur Produkte aus Potenzen der Grundeinheiten und eventuellen Zahlenfaktoren sein können (Beweis s. Kap. II B).

Diese Feststellung gilt auch für alle allgemeinen, ihrem Wert nach noch unbestimmten, Einheiten $[G]$, die man gewöhnlich »Dimensionen« nennt (z. B. $[V] = [L\,T^{-1}]$), und zwar sind abgeleitete Dimensionen stets reine Potenzprodukte der Grunddimensionen, ohne daß in ihnen Zahlenfaktoren auftreten.

Als logische Folgerung aus diesem Tatbestand ergibt sich für den Aufbau von Maßsystemen die Regel der dimensionellen Kohärenz (s. Kap. V):

Wählt man erst beliebige Grunddimensionen und entsprechende Grundeinheiten, und ermittelt für jede beliebige physikalische Größe ihre Dimensionsformel, so erhält man stets eine eindeutig bestimmte abgeleitete Einheit durch einfache Substitution der Grunddimensionen durch die zugeordneten Grundeinheiten — ohne Zwischenschaltung irgendeines Zahlenfaktors — (z. B. erhält man für v aus $[V] = [L\,T^{-1}]$ durch Substitution von $[L]$ durch m und $[T]$ durch s eindeutig die Einheit $\mathrm{m\,s^{-1}}$).

Besonders hervorgehoben zu werden verdient noch die Feststellung, daß durch die Regel der dimensionellen Kohärenz, außer den skalar zu wertenden Einheiten selbst, auch noch die Art des Koordinatensystems festgelegt wird, dessen man zur Messung vektorieller und tensorieller Größen bedarf. Die Dimensionsformel $[L^2]$ und die entsprechenden Einheiten, z. B. m^2 lassen sich nämlich, da $[L]$ bzw. m selbst Vektoren sind, nur als Quadrat, d. h. als vektorielles Produkt $[LL]$ bzw. [mm] aufeinander senkrecht stehender Einheiten $[L]$ bzw. m auffassen, da sonst ihr absoluter Wert kleiner als $|L^2|$ bzw. $|\mathrm{m}^2|$ wäre. Ähnlich findet man, daß $[L^3]$ bzw. m^3 nur als orthogonale Würfel gedeutet werden können. Es können also nur geradlinig orthogonale Koordinatensysteme als dimensionell kohärent betrachtet werden; ein Messen mit anderen etwa sphärischen Koordinaten kommt somit einem Rechnen mit nicht dimensionell-kohärenten Einheiten gleich. Konforme Abbildungen sind Maßsystemumbildungen gleichwertig.

Alle Einheiten, die diese Regel der dimensionellen Kohärenz erfüllen, sollen kurz D-Einheiten genannt werden. Ihr wesentlichster Vorzug ist, daß man bei ausschließlicher Verwendung eines beliebigen D-Systems nur Zahlenwertgleichungen erhält, die frei von parasitären Zahlenfaktoren z sind, und somit unbehindert als Größengleichungen gedeutet werden können, da sie nur noch physikalische Faktoren enthalten können.

Als eine weitere Folgerung aus der linearen Zuordnungsgleichung $G = G_n\,[G]$ ergibt sich nämlich die Möglichkeit, jede physikalische Gleichung auf 2 Arten zu schreiben:

als Größengleichung,

z. B.: $$W = \tfrac{1}{2}\,m\,v^2,$$

oder als Rechengleichung,

z. B.: $$W_n\,[M L^2 T^{-2}] = \frac{1}{2} \cdot z \cdot m_n\,[M]\,v_n^2\,[L\,T^{-1}]^2.$$

Verwendet man nur D-Einheiten, so wird selbsttätig $z = 1$ und man findet eine Rechengleichung,

z. B.: $$W_n\,(\mathrm{kg\,m^2\,s^{-2}}) = \frac{1}{2}\,\mathrm{m}_n\,(\mathrm{kg})\,v_n^2\,(\mathrm{m\,s^{-1}})^2,$$

die sich in 2 selbständig gültige Gleichungen aufspalten läßt,

eine algebraische Zahlenwertgleichung: $W_n = \frac{1}{2}\,m_n\,v_n^2$

und eine D-Einheitengleichung: $\mathrm{kg\,m^2\,s^{-2}} = \mathrm{kg\,(m\,s^{-1})^2}$.

Verwendet man hingegen nicht dimensionell-kohärente Einheiten, so wird $z \neq 1$ und man findet

als Rechnungsgleichung,

z. B. $$W_n\,(\mathrm{kg\,m^2\,s^{-2}}) = \frac{1}{2}\,\frac{1}{(3{,}6)^2}\,m_n\,(\mathrm{kg})\,v_{n\,2}^2\,(\mathrm{km/h})^2;$$

ihre Aufspaltung ergibt

zwar eine Zahlenwertgleichung: $W_n = \frac{1}{2\,(3{,}6)^2}\,m_n\,v_{n\,2}^2$,

aber keine Einheitengleichung: $\mathrm{kg\,m^2\,s^{-2}} \neq \mathrm{kg} \cdot (\mathrm{km/h})^2$.

Eine Gleichung wird letztere erst, wenn man den reziproken Wert von z als Umrechnungsfaktor einfügt, und zwar erhält man

als freie Einheitengleichung: $\mathrm{kg\,m^2\,s^{-2}} = 3{,}6^2\,\mathrm{kg\,(km/h)^2}$.

An dem Kriterium der Aufspaltbarkeit läßt sich somit eindeutig feststellen, ob eine Rechengleichung frei von parasitären (im allgemeinen dimensionslosen) Umrechnungsfaktoren ist und mit einer Größengleichung vollkommen übereinstimmt. Da diese Bedingung nur durch D-Einheiten erfüllt werden kann, erweist es sich als naturgetreue Grundlage für den Aufbau von Maßsystemen die Regel der dimensionellen Kohärenz zu befolgen, d. h. erst ein Dimensionssystem aufzustellen und daraus durch einfache Substitution ein Einheitensystem abzuleiten.

Jedes Dimensionssystem wird durch Zahl und Wahl seiner Grunddimensionen vollkommen bestimmt (s. Kap. VI).

Die Zahl der Grunddimensionen ist aber nicht willkürlich, sondern liegt für jedes Gebiet der Physik eindeutig fest, und zwar als Differenz zwischen der Anzahl der voneinander verschiedenen Größen und der Zahl der entsprechenden untereinander unabhängigen Definitionsgleichungen; durch eine neuentdeckte Beziehung kann sich somit die Zahl der erforderlichen Grunddimensionen ändern (z. B. von 3 auf 4 durch Entdeckung der Coulombschen Gleichungen). Bei dem heutigen Stand unseres physikalischen Wissens ist die Zahl der erforderlichen Grunddimensionen, wie nachgewiesen wurde

1 für Geometrie, 2 für Kinematik, 3 für Mechanik und Wärmelehre, 4 für Elektromagnetik.

Wählt man aber für das Gebiet der Elektromagnetik um 1 Grunddimension zu wenig, so kommt man ohne willkürliche Hilfsannahmen nicht aus; in den dreidimensionalen elektrischen und magnetischen C.G.S.-Systemen sind es die Annahmen: $\varepsilon_0 = 1$ (dimensionslos) für das elektrische und $\mu_0 = 1$ (dimensionslos) für das magnetische System. Wählt man hingegen um 1 Grunddimension zuviel, so tritt in den entsprechenden Zahlenwertgleichungen noch ein parasitärer dimensionsbehafteter Zahlenfaktor auf, der Ausgleichsfaktor genannt wird, zum Unterschied von den dimensionslosen Umrechnungsfaktoren, die bei richtiger Zahl der Grundeinheiten, aber nicht dimensionell-kohärenter Ableitung, auftreten; bei Anwendung des fünfdimensionalen Gaußschen C.G.S.-Systems ist dieser Ausgleichsfaktor

$$c = 2{,}9978\ldots 10^8\,\mathrm{m\,s^{-1}}\ (\varepsilon_0^{1/2}\mu_0^{1/2})$$

Die Wahl der Grunddimensionen ist hingegen lediglich durch die Bedingung eingeengt, daß die entsprechenden Größen voneinander unabhängig sein müssen, also daß keine physikalischen Gleichungen zwischen ihnen bestehen dürfen.

An sich sind alle, diese beiden Bedingungen erfüllenden Dimensionssysteme einander gleichwertig und gleichermaßen zur Ableitung von D-Systemen geeignet. Doch sind Dimensionssysteme, in denen nur ganzzahlige Dimensionen auftreten, ihrer größeren Klarheit und Einfachheit halber vorzuziehen. Unter den Systemen, welche diese weitere Forderung erfüllen, bietet die größten Vorteile (s. Tabelle IV):

das Kalantaroffsche System
mit $[L, T, Q, \Phi]$ als Grunddimensionen.

In den abgeleiteten Dimensionsformeln dieses Systems treten nämlich recht interessante Analogien zwischen einander entsprechenden elektrischen, magnetischen und energetischen Größen in Erscheinung, z. B.: elektrische Feldstärke $[\Phi L^{-1} T^{-1}]$, magnetische Feldstärke $[Q L^{-1} T^{-1}]$ und Kraft $[Q \Phi L^{-1} T^{-1}]$ (s. Tabelle VI). Diese Analogien lassen sich auch auf die beiden Coulombschen Gleichungen und eine neue Form des Newtonschen Attraktionsgesetzes ausdehnen (s. Kap. XI F). Hervorgehoben sei noch die Analogie der Dimensionen von Energie $[Q \Phi T^{-1}]$ und Impuls $[Q \Phi L^{-1}]$.

Da an sich Dimensionsformeln eine gewisse Ähnlichkeit mit chemischen Formeln aufweisen, eignen sie sich, besonders gilt dies für die $[L T Q \Phi]$-Dimensionsformeln, auch gut zu präziser, begrifflicher Erfassung physikalischer Größen (z. B. des Unterschiedes von $\mathfrak{E}\,[\Phi T^{-1}$

L^{-1}] und $\mathfrak{D}$ [$Q L^{-2}$] und von $\mathfrak{H}$ [$Q T^{-1} L^{-1}$] und $\mathfrak{B}$ [ΦL^{-2}] und zu knapper qualitativer Charakterisierung ihrer relativen Beziehungen (ε [$Q \Phi^{-1} L^{-1} T$] und μ [$Q^{-1} \Phi L^{-1} T$]), ferner zur Kontrolle der dimensionellen Homogenität physikalischer Gleichung sowie im allgemeinen für Anwendungen auf dem Gebiete der Dimensionsanalyse und für Ähnlichkeitsbetrachtungen (s. Kap. XI).

Es ist auch eine wertvolle Eigenschaft des [$L T Q \Phi$]-Systems, daß in der Mechanik die Dimensionen [Q] und [Φ] nur als Produkt [$Q \Phi$] = [H] — dies ist die Dimension des Planckschen Wirkungsquantums h — auftreten (s. Tabelle V), so daß man an Stelle des elektromagnetischen Kalantaroffschen Dimensionssystems

für die Mechanik das dreidimensionale [$L T H$]-System

einführen kann; sehr angenehm ist auch die enge Verwandtschaft zum

energetischen [$L T W$]-System,

die sich aus der Beziehung [W] = [$H T^{-1}$] = [$Q \Phi T^{-1}$] ergibt.

Dementsprechend erfolgt auch der Übergang aus den dreidimensionalen [$L T H$]- bzw. [$L T W$]-Systemen der Mechanik zum notwendigermaßen vierdimensionalen [$L T Q \Phi$]-System der Elektromagnetik, nicht, wie in anderen Systemen üblich, durch Hinzufügen einer 4. Grunddimension, sondern durch Aufspalten von [H] in [Q] und [Φ] ein Vorgang, dessen tiefer physikalischer Sinn auffallend ist.

Substituiert man nunmehr, der Regel der dimensionellen Kohärenz entsprechend, in den Dimensionsformeln des Kalantaroffschen Dimensionssystems einfach

[L] durch m, [T] durch s, [Q] durch As und [Φ] durch Vs,

so erhält man als abgeleitete D-Einheiten (s. Tabelle VII und VIII)

das rationale Giorgische (m, s, A, V) Einheitensystem.

Die Rationalisierung, d. h. die Richtigstellung des Faktors 4π in einigen elektromagnetischen Einheiten und damit die Gleichstellung der entsprechenden Rechen- und Zahlenwertgleichungen mit Größengleichungen, stellt demnach kein Problem mehr dar, sondern erfolgt zwangsläufig.

In dem Giorgischen System findet man als abgeleitete Einheiten:

für die Energie: 1 Joule = VA s = kg m^2 s^{-2} = 10^7 g cm^2 s^{-2}
und für die Masse: 1 VA m^{-2} s^3 = 1 kg.

Dies rechtfertigt die Wahl des m als Grundeinheit, da man, entsprechend der Ascolischen Regel der Zuordnung (VA = 10^m g 10^{2l} cm^2 1 s^{-3}; $m + 2l = 7$), bei Wahl von V, A, s und cm als Grundeinheiten, 10 t als Masseneinheit erhalten hätte (vgl. Tabelle II), was unbequem ist.

Es ist ein überaus günstiger Zufall, daß man in dem ganzen Giorgischen System fast nur auf alteingeführte Einheiten stößt (m, s, A, V, Cb, Wb, O, S, H, F, J, W, kg usw.). Nur für eine einzige, wichtige Größe mußte man eine ganz neue Einheit einführen, die aber seit 1938 bereits durch die I.E.C. international festgelegt wurde, nämlich:

für die Kraft: 1 Newton = 1 VA m^{-1} s = 1 kg m s^{-2} = 10^5 dyn.

Hieraus folgt, daß man für die Mechanik den Gebrauch folgender 3 dimensionell kohärenter Teilsysteme des Giorgischen Systems ohne weiteres zulassen kann:

das klassische m-, kg-, s- (Massen-)System
— dem C.G.S.-System nahe verwandt,
das technische m-, Newton-, s- (Kraft-) System
— dem m-, kp-, s-System verwandt (1 kilopond = 9,81 Newton)
und das universelle m-, Joule-, s- (Energie-) System.

Da alle Einheiten des Giorgischen Systems durch die Regel der dimensionellen Kohärenz nicht nur in ihrem Verhältnis zu den aus theoretischen und praktischen Gründen besonders bequemen Grundeinheiten m, s, A, V, sondern auch untereinander eindeutig festliegen, lassen sich aus der Reihe aller Giorgischen Einheiten auch die erforderlichen 4 Eichmaße frei herausgreifen; ihre Wahl muß lediglich die Bedingungen erfüllen, daß sie untereinander unabhängig sind und daß sie leicht materialisiert werden können sowie eine örtliche und zeitliche Konstanz verbürgen. Giorgi selbst schlug vor (s. Kap. X):

als Ureichmaße m, s, kg und Ohm zu wählen.

Drei dieser Ureichmaße m, s und kg sind glücklicherweise bereits seit 1889 durch das Commité International des Poids et Mesures in Sèvres international festgelegt worden. Die Festlegung eines Ur-Ohms ist noch umstritten, wobei die Aufstellung eines absoluten (auf $\mu_0 = 1$ im elektromagnetischen Maßsystem) abgestimmten Ur-Ohms von den Physikern angestrebt wird, aber keine notwendige Bindung darstellt — da ja auch für m und kg die Bindungen an »Naturgrößen« fallen gelassen wurden.

Das Kalantaroffsche $[LTQ\Phi]$-Dimensionssystem und die daraus ableitbaren Teilsysteme ($[LTH]$ und $[LTW]$), sowie das rationale Giorgische (m, s, A, V) Einheitensystem und alle daraus ableitbaren Teilsysteme (m-, kg-, s- — m-, Newton, s- — m-, Joule, s-System) und schließlich das System der Ureichmaße (m, s, kg, Ohm) werden somit durch die Regel der dimensionellen Kohärenz zu einem einzigen festgefügten, eindeutigen universellen und praktischen Maßsystem zusammengefaßt, zu dem geradlinig-orthogonale Koordinaten gehören.

Dieses D-System läßt sich auch ohne große Schwierigkeiten auf die Wärmelehre ausdehnen, wodurch seine Universalität erst erwiesen wird (s. Kap. IX).

Durch die kinetische Gastheorie wurde nämlich die Wärmelehre auf die Mechanik zurückgeführt. Trotzdem alle üblichen Maßsysteme der Wärmelehre vierdimensional sind mit den Grunddimensionen $[L\,T\,M\,\vartheta]$, muß also ein dreidimensionales Maßsystem ausreichen, um alle Größen der Wärmelehre, einschließlich Temperatur und Entropie, zu erfassen. Eine direkte Ermittlung der Dimensionen von Temperatur und Entropie z. B. im $[L\,T\,H]$- oder $[L\,T\,W]$-System, gelingt aber nicht, da keine Definitionsgleichung bekannt ist, die die Temperatur oder die Entropie in alleiniger Abhängigkeit bereits dimensionell feststehender mechanischer Größen enthält, ohne daß noch Faktoren mit ungewissen Dimensionen (k, R, c_v, c_p usw.) aufträten. Doch wissen wir bereits vom Fall des fünfdimensionalen Gaußschen Maßsystems, daß eine solche Überbestimmung das Auftreten eines (einzigen) dimensionsbehafteten Ausgleichsfaktors nach sich ziehen muß. Eine Untersuchung der Gleichungen der Wärmelehre führt zu dem Ergebnis, daß überhaupt nur ein einziger konstanter, dimensionsbehafteter Faktor vorhanden ist; dies ist die Boltzmannsche Universal-Konstante $k = 1{,}3797 \cdot 10^{-23} \frac{\text{Joule}}{{}^0\text{K}}$, die also den gesuchten parasitären Ausgleichsfaktor enthalten muß.

Setzt man nun $k = 2/3\,z$ und streicht z aus den Zahlenwertgleichungen der Wärmelehre weg (d. h. setzt man $z = 1$), so bleibt nur der mathematische Faktor 3/2 in physikalisch richtiger Stellung übrig (wie in Kap. IX bewiesen wird), so daß sie die Form von Größengleichungen annehmen. In der Tat werden dadurch alle Gleichungen auch physikalisch wesentlich klarer, z. B. erhält die Zustandsgleichung für eine beliebige Menge idealen Gases mit der Molekülzahl N bzw. der Molzahl n die allgemein gültige und klare Form:

$$N\,\vartheta_m = n\,\vartheta_M = \frac{3}{2}\,p\,V = N\,\frac{m\,v_m^2}{2}.$$

Da N eine reine Zahl ist, enthält diese Gleichung ohne weiteres: die Definitionsgleichung der molekularen Temperatur

$$\vartheta_m = \frac{3}{2}\,\frac{p\,V}{N} = \frac{m\,v_m^2}{2}.$$

Die Dimension von ϑ ist also $[W] = [H\,T^{-1}] = [Q\,\Phi\,T^{-1}]$ und die dimensionell kohärente Einheit der Temperatur: 1 Joule.

Allerdings besteht zwischen Wärme- (Energie-) Menge, die ebenfalls in (calo-) Joule — (zum Unterschied von mecano-Joule oder elektro-Joule) — gemessen werden muß und der Temperatur ϑ, gemessen in (thermo-) Joule, ein wesentlicher begrifflicher Unterschied: Wärmemenge ist eine absolute Energie, d. h. ihre Messung erfolgt unabhängig von irgendwelchen anderen physikalischen Größen, die Temperatur hingegen ist eine spezifische Energiemenge, nämlich der mittlere kinetische Energieanteil, der auf 1 Molekül[1]) entfällt, so daß Temperaturgleichheit zwischen 2 Körpern dann herrscht, wenn im Mittel alle ihre Moleküle gleiche kinetische Energien haben, also $\frac{1}{2} m_1 v_1^2 = \frac{1}{2} m_2 v_2^2$ ist (wobei sich bekanntlich schwere Moleküle langsam, leichte schnell bewegen). Dieser Unterschied zwischen Wärme und Temperatur kann aber in den Dimensionsformeln und in den entsprechenden D-Einheiten nicht in Erscheinung treten, denn die als Divisor auftretende Molekülzahl N ist eine reine, dimensionslose Zahl.

Weil die molekulare D-Einheit der Temperatur 1 joule/ 1 Molekül, für die wir den Namen Carnot vorschlagen, eine für menschliche Verhältnisse ungeheuer große Temperatur darstellt und es eigentlich sinnwidrig ist, $p \cdot V$ auf 1 Molekül zu beziehen, da ϑ nur als statistischer Mittelwert aus einer großen Zahl Moleküle erfaßt wird, empfiehlt es sich, als Bezugsgröße 1 Mol $= N_M$ Moleküle $= 6{,}022 \cdot 10^{23}$ Moleküle oder noch besser 1 Quadrillion-Mol $= 10^{24}$ Moleküle $= N_Q$ Moleküle zu wählen, wie es in der Thermodynamik allgemein üblich ist; für diese letztere Q-Moltemperatureinheit schlugen wir den Namen Clausius vor. Hiermit ergaben sich:

als Definitionsgleichung der molaren Temperatur

$$\vartheta_M = \frac{3}{2} \frac{p V}{n} = N_M \frac{m v_m^2}{2} \quad \text{(gilt für 1 Mol)}$$

und als thermodynamische Mol-Temperatureinheiten:

$$1 \text{ Joule}/N_M \text{ Moleküle} = 1 \text{ Joule/g-Mol} = \frac{2}{3} \frac{1}{k \cdot N_L} \, {}^0\text{K} = \frac{1}{12{,}47} \, {}^0\text{K},$$

$$1 \text{ Joule}/N_Q \text{ Moleküle} = 1 \text{ Clausius}^{2)} = \frac{2}{3} \frac{1}{k \cdot 10^{24}} \, {}^0\text{K} = \frac{1}{20{,}71} \, {}^0\text{K}.$$

Verwendet man letztere Einheit, so erhält die Zustandsgleichung die Form:

$$\vartheta_Q \text{ (Clausius)} = \frac{3}{2} \frac{1}{n} p \left(\frac{\text{Newton}}{\text{m}^2}\right) V (\text{m}^3) = N_Q \frac{m v_m^2}{2} \text{ (Joule)}$$

(gilt für n Q-Mole).

---

[1]) Man kann auch die kinetische Energie der Translation irgendwelcher anderer Partikeln als Temperatur bezeichnen und z. B. von der Temperatur eines Elektrons oder Elektronenschwarmes (-Mols) sprechen und diese ebenfalls in thermojoule messen.

[2]) Manche Autoren haben die Benennung Clausius für die Bezeichnung der »Entropieeinheit« g-Kalorie/^{0}Kelvin vorgeschlagen, doch ist eine solche Benennung unzulässig, da g-Kalorie/^{0}Kelvin keine Einheit, sondern lediglich ein Umrechnungsfaktor, also eine reine Zahl ist.

Das Verhältnis zwischen Wärmemenge Q und dem fühlbaren (kinetischen) Temperaturanteil ϑ wird bekanntlich durch die Entropie

$$S = \int \frac{dQ}{\vartheta} = \int \frac{c_{p\,(v)}\,\vartheta}{\vartheta}$$

erfaßt. Im Kalantaroffschen Maßsystem erscheint sie folgerichtig als reine Verhältniszahl mit Wirkungsgrad-Charakter, denn es ist

$$\text{die Dimension der Entropie } [S] = \frac{[Q]}{[\vartheta]} = [W^0].$$

Diese Feststellung wird auch durch das Boltzmannsche Entropiegesetz $S = \ln W$, bekräftigt, da die statistische Wahrscheinlichkeit W bloß eine reine Zahl sein kann.

Desgleichen werden auch die »spezifischen Wärmen« c_p und c_v reine Verhältniszahlen mit der Dimension $[W^0]$ und entpuppen sich als umgekehrte Wirkungsgrade der Umwandlung irgendeiner Energieform in kinetische Temperaturenergie.

Besonders erwähnenswert ist nur noch, daß sich die Eichung der Thermometer unabhängig von irgendwelchen Fixpunkten und speziellen Skalenteilungen, direkt in Joule/g Mol ausführen läßt, wenn man ein normales Kelvinsches ideales Gasthermometer mit genau 1 Mol $= 6{,}022 \cdot 10^{23}$ Moleküle Inhalt und konstant gehaltenem Volumen V_M m³ zu Hilfe nimmt und lediglich den Druck p in $\frac{\text{Newton}}{\text{m}^2} = \frac{\text{Joule}}{\text{m}^3}$ mißt. Der Zustandsgleichung entsprechend ist nämlich, da $n = 1$ ist

$$\frac{3}{2}\,p\left(\frac{\text{Joule}}{\text{m}^3}\right) V_M\left(\frac{\text{m}^3}{g\text{-Mol}}\right) = \vartheta_M\left(\frac{\text{Joule}}{g\text{-Mol}}\right).$$

Die Anwendung der Regel der dimensionellen Kohärenz zieht somit auch in der Wärmelehre wesentliche Klarstellungen und Vereinfachungen nach sich (s. Tabelle XI).

Hingegen erweist sich der Versuch der Angliederung der photometrischen Einheiten (s. Tabelle XIII) als undurchführbar, da sich, der Busemannschen Klassifikation entsprechend (s. Kap. II, 1) die lineare Zuordnung $G = G_n\,[G]$ und somit auch die Regel der dimensionellen Kohärenz nur auf die Größen der Klassen der Zahlenwerte, Quantitäten und Potentiale anwenden lassen, die photometrischen Größen hingegen der Klasse der physikalisch-physiologischen Größen angehören (s. Tabelle I).

Doch bringt auch auf diesem Gebiet die Dimensionsuntersuchung eine gewisse Klarstellung und man erkennt, daß man lediglich mit den zwei orthogonalen Einheiten Lumen und Lux alle photometrischen Größen messen könnte.

Zusammenfassend kann man feststellen, daß sich das rationale Kalantaroff-Giorgische D-System durch folgende Vorzüge auszeichnet:

a) Es hat einfache, klare, durch ganzzahlige Potenzprodukte und besondere Symmetrien ausgezeichnete Dimensionsformeln, wogegen die C.G.S.-Systeme mit höchst lästigen und sinnwidrigen gebrochenen Potenzen behaftet sind.

b) Die Ableitung seiner Einheiten geschieht eindeutig und einfach durch Substitution seiner Grunddimensionen [L, T, Q, Φ] durch die Grundeinheiten (m, s, A, V), während für die C.G.S.-Systeme keine eindeutige Kohärenzregel besteht.

c) Es umfaßt lediglich praktische und größtenteils (nach Wissenschaftlern) klar benannte und in der Technik, teilweise auch in der theoretischen Physik, bereits weitgehend eingebürgerte Einheiten, wogegen die C.G.S.-Einheiten meist recht unhandlich und größtenteils namenlos sind.

d) Von den 4 erforderlichen Urmaßen sind bereits 3 international festgelegt: m und kg in Sèvres und astronomisch die Sekunde. Ein Ohm-Ur-Eichmaß (oder eventuell ein Henry-Urmaß oder eine neue Ampere-Eichregel) dürften in absehbarer Zeit festzulegen sein.

e) Die Unrechnung von Zahlenwertgleichungen aus dem C.G.S.-System sowie aus den üblichen technischen Einheiten in Gleichungen mit rationalen Giorgischen Einheiten ist nicht schwierig (wenn man Kap. VII g beachtet und sich der Tabellen IX und X bedient).

f) Das ganze Kalantaroff-Giorgische Maßsystem läßt sich in einer einzigen einfachen und handlichen Tabelle zusammenfassen (s. Tabelle XII).

g) Seinen bedeutendsten Vorteil aber bildet die dimensionelle Kohärenz aller seiner mechanischen, elektromagnetischen und thermischen Einheiten, wodurch die vollkommene formale Identität der entsprechenden Zahlenwertgleichungen mit rationalen Größengleichungen erzielt wird.

Dementsprechend kann man alle physikalischen Berechnungen mit Größensymbolen so durchführen, als ob es rein algebraische Zahlensymbole wären, und erst im Endergebnis die Größensymbole durch die Produkte aus Zahlenwerten mal Giorgi-Einheiten sorglos vertauschen, da niemals irgendwelche parasitären Proportionalitätsfaktoren die Rechnung stören können.

Dieses D-System erfüllt somit in hervorragender Weise die bei der Problemstellung erwähnten 4 Forderungen: der universellen Kohärenz, der klaren und einfachen Dimensionsformeln, der handlichen Einheiten und der internationalen Geltung und erweist sich hiermit als sehr bequemes und nützliches Werkzeug.

Eine zwischenstaatliche Festlegung des Kalantaroff-Giorgischen D-Systems, als einzigem physikalisch-universellen, wissenschaftlichen und praktischen Maßsystem würde daher ohne Zweifel für Theorie und Praxis und auch für das Unterrichtswesen beachtliche Vorteile nach sich ziehen.

Daß Vorarbeiten hierzu noch mitten im Kriege in Deutschland Gehör fanden, ist bezeichnend für den schöpferischen Geist, der dem alten Europa eine neu erblühende Zukunft erkämpft.

Schrifttum

1. Offizielle Beschlüsse betreffend das Giorgische Einheitensystem.

   a) I.E.C. Document 118, Minutes of the I.E.C.-Meeting Scheveningen-Bruxelles, Juni 1935.

   b) I.E.C. Document 173, 176, Minutes of the I.E.C.-Meeting. Torquay 1938.

2. Geschichtliches.

   a) A. E. Kennelly, Historical outline of the Electrical Units. Journal of Engin. Educ., Bd. 19, H. 3, S. 227/75, Jg. 1928. — Les unités du circuit magnétique. Rev. gen. de l'Electr., Bd. 27, H. 24, S. 923, Jg. 1930 und Journ. Am. Inst. Electr. Engin., S. 18, Jg. 1930. — Unités et Definitions adoptés par la I.E.C. en Scandinavie. Rev. Gen. de l'Electr., Bd. 28, Nr. 19, Jg. 1930. — I.E.C. adopts M.K.S.-System of Units. Electr. Engin., Dec. 1935 und Bull. Schw. El. Verein, Bd. 28, S. 17/26, Jg. 1937.

   b) Dr. C. Mailloux, La question du Gauß et la question de la résponsabilité. Rev. Gen. de l'Electr., Bd. 29, H. 4, Jg. 1931.

3. Allgemeine Grundlage der Maßsysteme.

   a) F. Emde, Abhandlung über mögliche Maßsysteme. Elektr.-Techn. Zeitschrift, Bd. 25, S. 432, Jg. 1904. — Physikalische Maßsysteme. Handwörterbuch d. Naturwissensch., Bd. 7, Jg. 1933. — Elektrische Einheiten und schöne Gleichungen. Zeitschr. f. phys. u. chem. Unterricht, Bd. 48, H. 4, S. 145/51, Jg. 1935. — Größengleichungen u. Gaußsches Maßsystem. Zeitschr. f. phys. u. chem. Unterricht Bd. 53, H. 3, S. 65/70, Jg. 1940.

   b) J. Fischer, Schreibweise elektromagnetischer Gleichungen. Phys. Zeitschr. Bd. 36, H. 24, S. 1914/16, Jg. 1935. — Zur Definition von physikalischen Größen in Gleichungen usw. Phys. Zeitschr. Bd. 37, H. 4, S. 120/29, Jg. 1936. — Neuere Fragen u. Anschauungen über Dimensionen, Einheiten und Maßsysteme. Zeitschr. f. Phys. Bd. 100, H. 5 u. 6, Jg. 1936.

   c) H. Greinacher, Grundlagen der elektrischen Maßsysteme. Bull. Schweizer Elektrotechn. Verein Bd. 21, H. 18, S. 603, Jg. 1930.

   d) W. Jaeger, Die Entstehung der internationalen Maße der Elektrotechnik. Verlag Julius Springer, Berlin 1932.

   e) G. Mie, Lehrbuch d. Elektrizität u. d. Magnetismus. Verlag Enke, Stuttgart 1941.

   f) G. Oberdorfer, Lehrbuch d. Elektrotechnik. Bd. I, 3. Aufl. Verlag R. Oldenbourg, München 1943. — Zur Frage des Maßsystems in der Elektrotechnik. Archiv Techn. Messen. V 30—2, Nov. 1942.

   g) A. W. Rücker, On the supressed dimensions of physical quantities. Philos. Mag. Bd. 27, S. 104, 1889.

   h) A. Sommerfeld, Über d. Dimensionen d. elektromagnetischen Größen. Zeitschr. Techn. Phys., Bd. 16, H. 11, S. 420/26, Jg. 1935. — Ann. Phys. Bd. 36, H. 3/4, S. 335/39, Jg. 1939.

   i) J. Sudria, Les unités électriques. Verlag Vuibert, Paris 1932.

j) J. Wallot, Dimensionen, Einheiten und Maßsysteme. Handbuch der Physik von Geiger u. Scheel Bd. II. — Zur Theorie der Dimensionen. Zeitschr. f. Phys. Bd. 10, H. 5, S. 329/48, Jg. 1922. — Grundeinheiten u. Maßsysteme 1. Die Physik Bd. 1, H. 1, S. 1/6, Jg. 1933. — Grundeinheiten u. Maßsystem 2. Die Physik Bd. 5, H. 1, S. 1/8, Jg. 1937. — Grundeinheiten u. Maßsysteme 3., Die Physik Bd. 10, H. 1, S. 1/6, Jg. 1942. — Internationale u. absolute elektromagnetische Einheiten. Elektr.-Techn. Zeitschr. Bd. 57, S. 813, Jg. 1936. — Zur Definition der Größen des elektromagnetischen Feldes und zur Theorie der Maßsysteme. Physik. Zeitschr. Bd. 44, H. 1/2, S. 17/31, Jg. 1943. — Größengleichungen und Zahlenwertgleichungen. Elektro-Techn. Zeitschr. Bd. 64, H. 1/2, S. 13/16, Jg. 1943.

4. Das Giorgische Maßsystem.

a) G. Giorgi, Unita Rationali di Elettromagnetismo. Atti dell' Ass. Elettrotecnica Italiana, Bd. 5, S. 402/18, Jg. 1901. — Il Sistema Assoluto M.K.S.O. Atti dell'Ass. Elettr. Italiana Bd. 6, S. 453/72, Jg. 1902. — I Fondamenti della Theoria delle Grandezze. Atti dell'Ass. Elettr. Italiana Bd. 7, S. 7/27, Jg. 1903. — Proposals concerning electrical and physical units. Transact. of Internat. Electr. Congr. of St. Louis Bd. 1, S. 136/41, Jg. 1904. (U.S.A.) — Memorandum sur le système d'unités M.K.S. Veröffentl. I.E.C. London 1936.

Siehe auch: Rev. Gen. d'electr. Bd. 40, S. 459, Jg. 1936 und Bd. 42, S. 99, Jg. 1937 sowie Reale Acad. d'Italia, Setione Fisica Bd. 8, S. 319, Jg. 1937.

b) M. Asoli, Sul Sistema di Unita proposto dall'Ing. Giorgi. Soc. Italiana di Fisica, Brescia 1902, und Atti dell'Ass. Elettr. Italiana 1902.

5. Das Kalantaroffsche Dimensionssystem.

a) P. Kalantaroff, Les équations aux dimensions des grandeurs électriques et magnétiques. Rev. Gén. de l'Electr., Bd. 25, S. 235, 1929.

6. Andere vorgeschlagene Maßsysteme.

a) P. Andronescu, Das Problem der Dimensionen u. Einheiten elektrischer und magnetischer Größen. Archiv f. Elektrotechn. Bd. 30, H. 41, S. 46, Jg. 1936. — Die Mindestzahl der bei Untersuchung der elektrostatischen, magnetostatischen und elektromagnetischen Erscheinungen erforderlichen, willkürlichen Einheiten. Bull. Schweizer Elektr.-Techn. Verein Bd. 24, S. 297, 1938.

b) E. Bennet, A digest of the relations between the electrical units and the laws underlying the units. University of Wisconsin Bull. Nov. 1917.

c) A. Blondel, Comparaison entre les systèmes pratiques d'unités életromagnétiques. Rev. Gén. de l'Electr. Bd. 29, S. 771 u. 814, Jg. 1931; Bd. 30, S. 491, Jg. 1931 u. Bd. 32, S. 71, Jg. 1932.

d) E. Brylinski, Sur les systèmes d'unités. Rev. Gén. de l'Electr. Bd. 29, H. 6, Jg. 1931, u. Bul. Soc. Fr. Electr. Bd. 8, H. 87, S. 259/72, Jg. 1937.

e) C. I. Budeanu, La question des gradeurs et unités électriques et magnétiques. Publ. I.R.E. (Bucarest), Com. Electr. Roumain, No. 11, 1932; No. 21, 1934; No. 28, 1935; No. 33, 1938.

f) G. A. Campbell, A definitive system of units. Bul. Nat. Research Council, H. 93, Jg. 1933.

g) J. H. Dellinger, International System of electric an magnetic units. Scientific paper 292 of Bureau of Standards. Jg. 1916.

h) D. Germani, Choix d'un système d'unités électromagnétiques. Rev. Gen. de l'Electr. Bd. 32, S. 39/50, Jg. 1932. — Sur les systèmes pratiques d'unités électromagnétiques. Publ. I.R.E. (Bucarest). Com. Electr. Roumain H. 36, Jg. 1938.

i) H. König, Über ein praktisches, absolutes System usw. Bul. Schweiz. Electr.-Techn. Verein H. 22, Jg. 1936.

j) E. Weber, Ein Vorschlag zur Lösung des Problems der elektrischen Einheitssysteme. Elek.-Techn. u. Masch.-Bau Bd. 51, H. 4, S. 45, Jg. 1933.

7. Das Problem der Rationalisierung.

a) C. I. Budeanu, Sur les unités électriques et leur rationalisation. Bul. Soc. Fr. Electr., März 1937 u. Bul. I.R.E. No. 2, Jg. 1938.

b) J. H. Dellinger, Rationalisation of the magnetic units. Electr. World Bd. 68, S. 810/12, Jg. 1916.

c) G. Giorgi, Rational units of electromagnetism. Proc. Phys. Soc. London, Jg. 1902, u. Electr. World, New York, Jg. 1902.

d) A. E. Kennely, Rationalized versus Unrationalized Electromagnetic Units. Proc. Amer. Phylos. Soc. Bd. 70, No. 2, Jg. 1931.

e) M. Landolt, Die Form der Grundgleichungen des elektromagnetischen Feldes. Bull. Schw. Elektr. Ver. Bd. 24, H. 15, S. 357, Jg. 1933.

f) J. Wallot, Zur Frage der rationalen Schreibung der Gleichungen der Elektrizitätslehre. E.T.Z. Bd. 54, H. 21, S. 395, Jg. 1933.

8. Dimensionsanalysis und Ähnlichkeitsbetrachtungen.

a) Busemann, Die Temperatur im Rahmen der Ähnlichkeitsbetrachtungen. Zeitschr. f. techn. Physik Bd. 14, H. 3, S. 131, Jg. 1933.

b) P. W. Bridgman-H. Holl, Theorie der physikalischen Dimensionen. Verlag: Teubner 1932.

c) E. Buckingham, Phys. Rev. H. 4, S. 345, Jg. 1914.

d) D. Germani, Considérations sur les grandeurs et leurs unités. Sur la structure des formules et la synthèse des lois de similitude en physique. Publ. I.R.E. (Bucarest)-Rapport No. 28, Jg. 1931.

e) M. Weber, Das Ähnlichkeitsprinzip der Physik. Forschung a. d. Geb. d. Ing.-Wesens Bd. 11, H. 2, S. 49, Jg. 1940.

Zahlreiche weitere Literaturangaben findet man in obigen Arbeiten; die gesamte einschlägige Literatur ist jedoch so umfangreich, daß eine Beschränkung auf diejenigen Veröffentlichungen unumgänglich war, auf die die vorliegende Arbeit im besonderen Maße aufgebaut ist.

Tabelle I.

Klassifikation der physikalischen Größen (nach Busemann).

Klasse der physikalischen Größen		Zahlenwerte (Größen mit Dimensionen 0ter Potenz)	Quantitäten Skalare oder Vektoren	Potentiale oder Tensoren	Physikalisch-Physiologische Größen	Qualitäten
1		2	3	4	5	6
Anzahl der unabhängigen Elemente, die zur Festlegung der Einheiten erforderlich sind		0	1	2	3 oder mehr	x
Beispiele von physikalischen Größen verschiedener Klassen		Winkel Wirkungsgrade	Längen Massen Kräfte Energien Elektrizitätsmengen Wärmemengen	Zeit, relative Geschwindigkeit, Elektrische Spannung	Sichtbarer Lichtstrom, Beleuchtungsstärke, Lautstärke	Temperatur Entropie
Zulässige mathematische Beziehungen zwischen:	Wesensgleichen Größen	$=, <, >$ und $+, -, \times, :$ sowie alle math. Funktionen	$=, <, >$ und $+, -, \times, :$ sowie Potenzprodukte	$=, <, >$ und $+, -$	$=, <, >$	$=, <, >$
	Wesensverschiedenen Größen der gleichen Klasse	$=, \times, :$ und alle mathemat. Funktionen	$\times, :$	—	—	—
Beziehungen, durch die um eine Klasse nach links überführt werden	Wesensgleiche Größen	—	Division	Differenzbildung	—	Neue physikal. Erkenntnisse
	Wesensverschiedene Größen der gleichen Klasse	—	Multiplikationen, die Dimensionen 0ter Potenz ergeben	—	—	—
Beispiele von Größen, die in eine niedrigere Klasse überführt wurden		Entropie	Geschwindigkeitsdifferenz, Spannungsunterschied, Temperatur	—	—	—

Tabelle II.

Vergleich der Zahlenwerte von ε_0, μ_0 und $c = v_0 \sqrt{\varepsilon_0 \mu_0}$ in den gebräuchlichsten Maßsystemen.

Maßsysteme		ε_0		μ_0		$c = v_0 \sqrt{\varepsilon_0 \mu_0}$	
Benennung	Grundeinheiten	Zahlenwert	Einheit	Zahlenwert	Einheit	Zahlenwert	Einheit
1	2	3	4	5	6	7	8
Gauß und Heaviside-Lorenz	C.G.S.	1	unterdrückte Grundeinheit	1	unterdrückte Grundeinheit	$\sim 3 \cdot 10^{10}$	$cm\,s^{-1}$
Elektrisch	C.G.S.	1	unterdrückte Grundeinheit	$(\sim 3 \cdot 10^{10})^{-2}$	$cm^{-2}\,s^2$	1	reine Zahlen
Magnetisch	C.G.S.	$(\sim 3 \cdot 10^{10})^{-2}$	$cm^{-2}\,s^2$	1	unterdrückte Grundeinheit	1	reine Zahlen
Elektrotechnisch	V.A.cm.s.	$10^9 (\sim 3 \cdot 10^{10})^{-2}$	$cm^{-2}\,s^2$	1	unterdrückte Grundeinheit	$\sqrt{10^9}$	reine Zahlen
Giorgi unrationiert	M.K.S.O.	$10^7 (\sim 3 \cdot 10^8)^{-2}$	$4\pi\,AV^{-1}\,m^{-1}\,s$	10^{-7}	$\frac{1}{4\pi}\,A^{-1}\,Vm^{-1}\,s$	1	reine Zahlen
Giorgi rationiert	M.K.S.O.	$(4\pi)^{-1}\,10^7 (\sim 3 \cdot 10^8)^{-2}$ $= 8{,}859 \cdot 10^{-12}$	$AV^{-1}\,m^{-1}\,s$ = Farad/m	$4\pi\,10^{-7}$ $= 1{,}256 \cdot 10^{-6}$	$A^{-1}\,Vm^{-1}\,s$ = Henry/m	1	reine Zahlen

Tabelle III.

Erweiterbarkeit des praktischen VA-Systems für die Mechanik (nach Ascoli).

$1\,AVs = 1\,Joule = 10^7\,erg = 10^7\,g\,cm^2\,s^{-2} = 10^m\,g \cdot 10^{2l}\,cm^2\,s^{-2}$.

Grundeinheiten $(m + 2l = 7)$				Maßsysteme	
Index l	Einheit der Länge	Index m	Einheit der Masse	Benennung	Vorschlag von
1	2	3	4	5	6
0	$10^0\,cm = 1\,cm$	7	$10^7\,g = 10\,t$	C.G.S.S.-System[1])	Dellinger-Bennet (1916)
1	$10^1\,cm = 10\,cm$	5	$10^5\,g = 100\,kg$	—	—
2	$10^2\,cm =$ **1 m**	3	$10^3\,g =$ **1 kg**	M.K.S.O.-System[2])	Giorgi (1901)
3	$10^3\,cm = 10\,m$	1	$10^1\,g = 10\,g$	—	—
9	$10^9\,cm$ = Meridianquadrant	—11	$10^{-11}\,g$	Q.E.S.-System[3])	Maxwell (1881)
$^7/_2$	$10^{7/2}\,cm$ (unbrauchbar)	0	$10^0\,g = 1\,g$	—	—

[1]) **C**entimeter, **G**ramme-**S**eventh, **S**econd-System.
[2]) **M**eter, **K**ilogramm, **S**ekunde-**O**hm-System.
[3]) **Q**uadrant, Gramm-**E**leventh, **S**econd-System.

Tabelle IV.

Vergleich der Dimensionen elektrischer und magnetischer Größen.

Physikalische Größen	Symbole	Dimensionssysteme							
		$[LTM\,\varepsilon\,\mu]$ Gauß	$[LTM\,\varepsilon]$ Elektr. C.G.S.	$[LTM\,\mu]$ Magn. C.G.S.	$[LTMR]$ Giorgi	$[LTMQ]$ Brylinski	$[LT\mathfrak{E}\mathfrak{H}]$ Maxwell	$[LTIU]$ Mie-Oberdorfer	$[LTQ\Phi]$ Kalantaroff
0	1	2	3	4	5	6	7	8	9
Elektrizitäts-Menge . .	Q	$[M^{1/2} L^{3/2} T^{-1} \varepsilon^{1/2}]$	$[M^{1/2} L^{3/2} T^{-1} \varepsilon^{1/2}]$	$[M^{1/2} L^{1/2} \mu^{-1/2}]$	$[M^{1/2} L T^{-1/2} R^{-1/2}]$	$\underline{[Q]}$	$[\mathfrak{H} L T]$	$[I T]$	$\underline{[Q]}$
Magn. Fluß	Φ	$[M^{1/2} L^{3/2} T^{-1} \mu^{1/2}]$	$[M^{1/2} L^{1/2} \varepsilon^{-1/2}]$	$[M^{1/2} L^{3/2} T^{-1} \mu^{1/2}]$	$[M^{1/2} L T^{-1/2} R^{1/2}]$	$[M L^2 T^{-1} Q^{-1}]$	$[\mathfrak{E} L T]$	$[U T]$	$\underline{[\Phi]}$
Strom . . .	I	$[M^{1/2} L^{3/2} T^{-2} \varepsilon^{1/2}]$	$[M^{1/2} L^{3/2} T^{-2} \varepsilon^{1/2}]$	$[M^{1/2} L^{1/2} T^{-1} \mu^{-1/2}]$	$[M^{1/2} L T^{-3/2} R^{-1/2}]$	$[Q T^{-1}]$	$[\mathfrak{H} L]$	$\underline{[I]}$	$[Q T^{-1}]$
Spannung .	U	$[M^{1/2} L^{1/2} T^{-1} \varepsilon^{-1/2}]$	$[M^{1/2} L^{1/2} T^{-1} \varepsilon^{-1/2}]$	$[M^{1/2} L^{3/2} T^{-2} \mu^{1/2}]$	$[M^{1/2} L T^{-3/2} R^{1/2}]$	$[M L^2 T^{-2} Q^{-1}]$	$[\mathfrak{E} L]$	$\underline{[U]}$	$[\Phi T^{-1}]$
Elektr. Feldstärke . .	$\mathfrak{E}$	$[M^{1/2} L^{-1/2} T^{-1} \varepsilon^{-1/2}]$	$[M^{1/2} L^{-1/2} T^{-1} \varepsilon^{-1/2}]$	$[M^{1/2} L^{1/2} T^{-2} \mu^{1/2}]$	$[M^{1/2} T^{-3/2} R^{1/2}]$	$[M L T^{-2} Q^{-1}]$	$\underline{[\mathfrak{E}]}$	$[U L^{-1}]$	$[\Phi L^{-1} T^{-1}]$
Magn. Feldstärke . .	$\mathfrak{H}$	$[M^{1/2} L^{-1/2} T^{-1} \mu^{-1/2}]$	$[M^{1/2} L^{1/2} T^{-2} \varepsilon^{1/2}]$	$[M^{1/2} L^{-1/2} T^{-1} \mu^{-1/2}]$	$[M^{1/2} T^{-3/2} R^{-1/2}]$	$[Q L^{-1} T^{-1}]$	$\underline{[\mathfrak{H}]}$	$[I L^{-1}]$	$[Q L^{-1} T^{-1}]$
Elektr. Verschiebung	$\mathfrak{D}$	$[M^{1/2} L^{-1/2} T^{-1} \varepsilon^{1/2}]$	$[M^{1/2} L^{-1/2} T^{-1} \varepsilon^{1/2}]$	$[M^{1/2} L^{-3/2} \mu^{-1/2}]$	$[M^{1/2} L^{-1} T^{-1/2} R^{-1/2}]$	$[Q L^{-2}]$	$[\mathfrak{H} L^{-1} T]$	$[I T L^{-2}]$	$[Q L^{-2}]$
Magn. Induktion .	$\mathfrak{B}$	$[M^{1/2} L^{-1/2} T^{-1} \mu^{1/2}]$	$[M^{1/2} L^{-3/2} \varepsilon^{-1/2}]$	$[M^{1/2} L^{-1/2} T^{-1} \mu^{1/2}]$	$[M^{1/2} L^{-1} T^{-1/2} R^{1/2}]$	$[M T^{-1} Q^{-1}]$	$[\mathfrak{E} L^{-1} T]$	$[U T L^{-2}]$	$[\Phi L^{-2}]$
Widerstand	R	$[L^{-1} T \varepsilon^{-1}]$	$[L^{-1} T \varepsilon^{-1}]$	$[L T^{-1} \mu]$	$\underline{[R]}$	$[M L^2 T^{-1} Q^{-2}]$	$[\mathfrak{E} \mathfrak{H}^{-1}]$	$[I^{-1} U]$	$[Q^{-1} \Phi]$
Kapazität .	C	$[L \varepsilon]$	$[L \varepsilon]$	$[L^{-1} T^2 \mu^{-1}]$	$[R^{-1} T]$	$[M^{-1} L^{-2} T^2 Q^2]$	$[\mathfrak{H} \mathfrak{E}^{-1} T]$	$[I U^{-1} T]$	$[Q \Phi^{-1} T]$
Induktivität	L	$[L \mu]$	$[L^{-1} T^2 \varepsilon^{-1}]$	$[L \mu]$	$[R T]$	$[M L^2 Q^2]$	$[\mathfrak{E} \mathfrak{H}^{-1} T]$	$[I^{-1} U T]$	$[Q^{-1} \Phi T]$
Dielektr. Koeffizient	ε	$\underline{[\varepsilon]}$	$\underline{[\varepsilon]}$	$[L^{-2} T^2 \mu^{-1}]$	$[R^{-1} L^{-1} T]$	$[M^{-1} L^{-3} T^2 Q^2]$	$[\mathfrak{H} \mathfrak{E}^{-1} L^{-1} T]$	$[I U^{-1} L^{-1} T]$	$[Q \Phi^{-1} L^{-1} T]$
Permeab. Koeffizient	μ	$\underline{[\mu]}$	$[L^{-2} T^2 \varepsilon^{-1}]$	$\underline{[\mu]}$	$[R L^{-1} T]$	$[M L Q^2]$	$[\mathfrak{E} \mathfrak{H}^{-1} L^{-1} T]$	$[I^{-1} U L^{-1} T]$	$[Q^{-1} \Phi L^{-1} T]$

Tabelle V.

Vergleich der Dimensionen energetischer und mechanischer Größen.

Physikal. Größen	Symbole	Dimensionssysteme $[Q\Phi L T]$	=	$[H L T]$	$[W L T]$	$[J L T]$	$[P L T]$	$[M L T]$	$[N L T]$
0	1	2		3	4	5	6	7	8
Wirkungsgröße (sowie Drehimpuls)	H	$[Q\Phi]$	=	$\underline{[\boldsymbol{H}]}$	$[W T]$	$[J L]$	$[P L T]$	$[M L^2 T^{-1}]$	$[N T^2]$
Energie (sowie Drehmoment)	W	$[Q\Phi T^{-1}]$	=	$\underline{[H T^{-1}]}$	$\underline{[\boldsymbol{W}]}$	$[J L T^{-1}]$	$\underline{[P L]}$	$[M L^2 T^{-2}]$	$[N T]$
Impuls (gleich Bewegungsgr.)	J	$[Q\Phi L^{-1}]$	=	$\underline{[H L^{-1}]}$	$[W L^{-1} T]$	$\underline{[\boldsymbol{J}]}$	$\underline{[P T]}$	$[M L T^{-1}]$	$[N L^{-1} T^2]$
Kraft	P	$[Q\Phi L^{-1} T^{-1}]$	=	$[H L^{-1} T^{-1}]$	$[W L^{-1}]$	$[J T^{-1}]$	$\underline{[\boldsymbol{P}]}$	$[M L T^{-2}]$	$[N L^{-1} T]$
Masse	M	$[Q\Phi L^{-2} T]$		$[H L^{-2} T]$	$[W L^{-2} T^2]$	$[J L^{-1} T]$	$[P L^{-1} T^2]$	$\underline{[\boldsymbol{M}]}$	$[N L^{-2} T^3]$
Leistung	N	$[Q\Phi T^{-2}]$	=	$[H T^{-2}]$	$[W T^{-1}]$	$[J L T^{-2}]$	$[P L T^{-1}]$	$[M L^2 T^{-3}]$	$\underline{[\boldsymbol{N}]}$
Druck	$p = \frac{P}{F}$	$[Q\Phi L^{-3} T^{-1}]$	=	$[H L^{-3} T^{-1}]$	$[W L^{-3}]$	$[J L^{-2} T^{-1}]$	$[P L^{-2}]$	$[M L^{-1} T^{-2}]$	$[N L^{-3} T]$
Spez. Gewicht (Wichte)	$\sigma = \frac{P}{V}$	$[Q\Phi L^{-4} T^{-1}]$	=	$[H L^{-4} T^{-1}]$	$[W L^{-4}]$	$[J L^{-3} T^{-1}]$	$[P L^{-3}]$	$[M L^{-2} T^{-2}]$	$[N L^{-4} T]$
Spez. Masse (Dichte)	$\varrho = \frac{M}{V}$	$[Q\Phi L^{-5} T]$	=	$[H L^{-5} T]$	$[W L^{-5} T^2]$	$[J L^{-4} T]$	$[P L^{-4} T^2]$	$[M L^{-3}]$	$[N L^{-5} T^3]$
Univ. grav. Konst.	Γ	$[Q^{-1} \Phi^{-1} L^5 T^{-3}]$	=	$[H^{-1} L^5 T^{-3}]$	$[W^{-1} L^5 T^{-4}]$	$[J^{-1} L^4 T^{-3}]$	$[P^{-1} L^4 T^{-2}]$	$[M^{-1} L^3 T^{-2}]$	$[N^{-1} L^5 T^{-5}]$

Man beachte besonders die Beziehung von $[H] = [Q\Phi]$ zu Zeit und Raum, welche in den $[L T Q \Phi]$-Dimensionen der beiden, dem Erhaltungsgesetz gehorchenden Größen: Energie $[Q\Phi T^{-1}] = [H T^{-1}]$ und Impuls $[Q\Phi L^{-1}] = [H L^{-1}]$ zum Ausdruck kommt; diese Eigenschaft besitzt nur noch das $[P L T]$- (Kraft) System, welches in der Elektromagnetik dem Maxwellschen $[\mathfrak{E} \mathfrak{H} L T]$-System entspricht. Hingegen tritt diese Beziehung auch im $[L T N]$-System und in dem entsprechenden Mieschen $[L T I U]$-System nicht mehr in Erscheinung.

Tabelle VI.

Dimensionelle Analogien elektrischer, magnetischer und energetischer Größen im Kalantaroffschen [$L\,T\,Q\,\Phi$]-System.

Elektrizität		Magnetismus		Energetik	
Größe	Dimension	Größe	Dimension	Größe	Dimension
1	2	3	4	5	6
Elektrizitätsmenge	[Q]	Magneticher Fluß	[Φ]	Wirkungsgröße	[$Q\,\Phi$]
Elektrischer Strom	[$Q\,T^{-1}$]	Spannung	[$\Phi\,T^{-1}$]	Energie	[$Q\,\Phi\,T^{-1}$]
(Gradient der Elektr.-Menge)	[$Q\,L^{-1}$]	(Gradient des magn. Flusses)	[$\Phi\,L^{-1}$]	Impuls	[$Q\,\Phi\,L^{-1}$]
Stromänderung	[$Q\,T^{-2}$]	Spannungsänderung	[$\Phi\,T^{-2}$]	Leistung	[$Q\,\Phi\,T^{-2}$]
Magnetische Feldstärke	[$Q\,L^{-1}\,T^{-1}$]	Elektrische Feldstärke	[$\Phi\,L^{-1}\,T^{-1}$]	Kraft	[$Q\,\Phi\,L^{-1}\,T^{-1}$]
Elektrische Verschiebung	[$Q\,L^{-2}$]	Magnetische Induktion	[$\Phi\,L^{-2}$]	—	—
—	—	—	—	Masse	[$Q\,\Phi\,L^{-2}\,T$]
Leitfähigkeit	[$Q\,\Phi^{-1}$]	Widerstand	[$\Phi\,Q^{-1}$]	—	—
Kapazität	[$Q\,\Phi^{-1}\,T$]	Induktivität	[$\Phi\,Q^{-1}\,T$]	—	—
Dielektrischer Koeffizient	[$Q\,\Phi^{-1}\,T\,L^{-1}$]	Magn. Permeab.-Koeffizient	[$\Phi\,Q^{-1}\,T\,L^{-1}$]	(Wirkungs-Koeff.)	[$Q\,\Phi\,T\,L^{-1}$]

Tabelle VII.

Dimensionelle Kohärenz zwischen Kalantaroffschen [$LTQ\Phi$]-Dimensionen und Giorgischen M.K.S.O.-Einheiten der Elektromagnetik.

<table>
<tr><th rowspan="2">Physikalische Größen</th><th rowspan="2">Symbole</th><th colspan="3">C.G.S.-Dimensionen</th><th rowspan="2">[$LTQ\Phi$]-Dimensionen von Kalantaroff</th><th rowspan="2">M.K.S.O.-Einheiten von Giorgi (ration.)</th></tr>
<tr><th>Elektrisch</th><th>Gauß</th><th>Magnetisch</th></tr>
<tr><td>0</td><td>1</td><td>2</td><td>3</td><td>4</td><td>5</td><td>6</td></tr>
<tr><td>Elektrizitätsmenge . . . .</td><td>Q</td><td colspan="2">$[M^{1/2} L^{3/2} T^{-1} \varepsilon^{1/2}]$</td><td>$[M^{1/2} L^{1/2} \mu^{-1/2}]$</td><td>$[Q]$</td><td>**1 As = 1 Coulomb**</td></tr>
<tr><td>Magnetischer Fluß . . . .</td><td>Φ</td><td>$[M^{1/2} L^{1/2} \varepsilon^{-1/2}]$</td><td colspan="2">$[M^{1/2} L^{3/2} T^{-1} \mu^{1/2}]$</td><td>$[\Phi]$</td><td>**1 Vs = 1 Weber**</td></tr>
<tr><td>Strom u. magn.-mot. Kraft</td><td>I</td><td colspan="2">$[M^{1/2} L^{3/2} T^{-2} \varepsilon^{1/2}]$</td><td>$[M^{1/2} L^{1/2} T^{-1} \mu^{-1/2}]$</td><td>$[Q\,T^{-1}]$</td><td>1 Ampere</td></tr>
<tr><td>Spannung u. el.-mot. Kraft</td><td>U</td><td colspan="2">$[M^{1/2} L^{1/2} T^{-1} \varepsilon^{-1/2}]$</td><td>$[M^{1/2} L^{3/2} T^{-2} \mu^{1/2}]$</td><td>$[\Phi\,T^{-1}]$</td><td>1 Volt</td></tr>
<tr><td>Elektr. Feldstärke . . . .</td><td>$\mathfrak{E}$</td><td colspan="2">$[M^{1/2} L^{-1/2} T^{-1} \varepsilon^{-1/2}]$</td><td>$[M^{1/2} L^{1/2} T^{-2} \mu^{1/2}]$</td><td>$[\Phi\,L^{-1}\,T^{-1}]$</td><td>1 Volt/m</td></tr>
<tr><td>Magn. Feldstärke . . . .</td><td>$\mathfrak{H}$</td><td>$[M^{1/2} L^{1/2} T^{-2} \varepsilon^{1/2}]$</td><td colspan="2">$[M^{1/2} L^{-1/2} T^{-1} \mu^{-1/2}]$</td><td>$[Q\,L^{-1}\,T^{-1}]$</td><td>1 Ampere/m</td></tr>
<tr><td>Elektr. Verschiebung . . .</td><td>$\mathfrak{D}$</td><td colspan="2">$[M^{1/2} L^{-1/2} T^{-1} \varepsilon^{1/2}]$</td><td>$[M^{1/2} L^{-3/2} \mu^{-1/2}]$</td><td>$[Q\,L^{-2}]$</td><td>1 Coulomb/m²</td></tr>
<tr><td>Magn. Induktion . . . . .</td><td>$\mathfrak{B}$</td><td>$[M^{1/2} L^{-3/2} \varepsilon^{-1/2}]$</td><td colspan="2">$[M^{1/2} L^{-1/2} T^{-1} \mu^{1/2}]$</td><td>$[\Phi\,L^{-2}]$</td><td>1 Weber/m²</td></tr>
<tr><td>Widerstand . . . .</td><td>R</td><td colspan="2">$[L^{-1}\,T\,\varepsilon^{-1}]$</td><td>$[L\,T^{-1}\,\mu]$</td><td>$[Q^{-1}\,\Phi]$</td><td>1 VA⁻¹ = 1 Ohm</td></tr>
<tr><td>Leitfähigkeit . . . .</td><td>G</td><td colspan="2">$[L\,T^{-1}\,\varepsilon]$</td><td>$[L^{-1}\,T\,\mu^{-1}]$</td><td>$[Q\,\Phi^{-1}]$</td><td>1 AV⁻¹ = 1 Siemens</td></tr>
<tr><td>Kapazität . . . .</td><td>C</td><td colspan="2">$[L\,\varepsilon]$</td><td>$[L^{-1}\,T^2\,\mu^{-1}]$</td><td>$[Q\,\Phi^{-1}\,T]$</td><td>1 AV⁻¹s = 1 Farad</td></tr>
<tr><td>Induktivität . . . .</td><td>L</td><td>$[L^{-1}\,T^2\,\varepsilon^{-1}]$</td><td colspan="2">$[L\,\mu]$</td><td>$[Q^{-1}\,\Phi\,T]$</td><td>1 VA⁻¹s = 1 Henry</td></tr>
<tr><td>Dielektr. Koeffizient . . .</td><td>ε</td><td>$[\varepsilon]$</td><td colspan="2">$[L^{-2}\,T^2\,\mu^{-1}]$</td><td>$[Q\,\Phi^{-1}\,L^{-1}\,T]$</td><td>$1\,\frac{\mathrm{As}}{\mathrm{Vm}} = 1\,\frac{\mathrm{Farad}}{\mathrm{m}} = 1\,\mathrm{dil}$</td></tr>
<tr><td>Permeab. Koeffizient . . .</td><td>μ</td><td colspan="2">$[L^{-2}\,T^2\,\varepsilon^{-1}]$</td><td>$[\mu]$</td><td>$[Q^{-1}\,\Phi\,L^{-1}\,T]$</td><td>$1\,\frac{\mathrm{Vs}}{\mathrm{Am}} = 1\,\frac{\mathrm{Henry}}{\mathrm{m}} = 1\,\mathrm{perm}$</td></tr>
</table>

Die dimensionell-kohärenten M.K.S.O.-Einheiten erhält man durch Ersetzen von [L] durch m, [T] durch s, sowie von [Q] durch As und [Φ] durch Vs. Eine analoge Ableitung aus den C.G.S.-Dimensionen ist jedoch nicht durchführbar.

Tabelle VIII.

Dimensionelle Kohärenz zwischen Kalantaroffschen [$LTQ\Phi$]-Dimensionen und Giorgischen M.K.S.O.-Einheiten der Mechanik.

Physik. Größen	Symbole	[$LTQ\Phi$]- Dimensionen	[LTW]- Dimensionen	V A m s-	Giorgi[1]) Einheiten	m kg s-	[LTM]- Dimensionen
0	1	2	3	4	5	6	7
Wirkungsgröße .	H	$[\mathbf{Q\Phi}] = [\mathbf{H}]$	$= [WT]$	1 AVs^2	= (1 Planck)	= 1 kg m^2 s^{-1}	$[ML^2T^{-1}]$
Energie	W	$[Q\Phi T^{-1}]$	$= [\mathbf{W}]$	**1 AVs**	= **1 Joule**	= 1 kg m^2 s^{-2}	$]ML^2T^{-2}]$
Impuls	J	$[Q\Phi L^{-1}]$	$= [WL^{-1}T]$	1 AVm^{-1} s^2	= (1 Leibnitz)	= 1 kg m s^{-1}	$[MLT^{-1}]$
Kraft	P	$[Q\Phi L^{-1}T^{-1}]$	$= [WL^{-1}]$	1 AVm^{-1} s	= 1 Newton	= 1 kg m s^{-2}	$[MLT^{-2}]$
Leistung	N	$[Q\Phi T^{-2}]$	$= [WT^{-1}]$	1 AV	= 1 Watt	= 1 kg m^2 s^{-3}	$[ML^2T^{-3}]$
Masse	M	$[Q\Phi L^{-2}T]$	$= [WL^{-2}T^2]$	1 AVm^{-2} s^3	= 1 Kilogramm	= **1 kg**	$[\mathbf{M}]$
Trägheitsmoment	Θ	$[Q\Phi T]$	$= [WT^2]$	1 AVs^3	= 1 Joule s^2	= 1 kg m^2	$[ML^2]$
Druck	p	$[Q\Phi L^{-3}T^{-1}]$	$= [WL^{-3}]$	1 AVm^{-3} s	= (1 Giorgi)	= 1 kg m^{-1} s^{-2}	$[ML^{-1}T^{-2}]$
Gravit. Konstante	Γ	$[Q^{-1}\Phi^{-1}L^5T^{-3}]$	$= [W^{-1}L^5T^{-4}]$	1 A^{-1} V^{-1} m^5 s^{-5}	= 1 J^{-1} m^5 s^{-4}	= 1 kg^{-1} m^3 s^{-2}	$[M^{-1}L^3T^{-2}]$

[1]) Die dimensionell-kohärenten Giorgi-Einheiten erhält man durch Ersetzen von $[L]$ durch m, $[T]$ durch s sowie von $[Q\Phi] = [H]$ durch VAs^2 = J s bzw. von [W] durch VAs = J oder von $[M]$ durch kg.

Tabelle IX.

Umrechnung elektrischer und magnetischer C.G.S.-Einheiten in Giorgische M.K.S.O.-Einheiten.

Physik. Größen	Symbole	C.G.S.-System Gauß	C.G.S.-System Elektrisch	Umrechnungsfaktoren	Giorgi-Einheiten ration. u. absol.[1]	Umrechnungsfaktoren	C.G.S.-System Magnetisch	C.G.S.-System Gauß
Grundeinheiten:		c, g, s, ε_0, μ_0	c, g, s, ε_0	$c = 2{,}9978 \cdot 10^{10}$	V, A, m, s	$\pi = 3{,}14159$	c, g, s, μ_0	c, g, s, ε_0, μ_0
0	1	2	3	4	5	6	7	8
Elekrizitätsmenge	Q	$1\ \mathrm{cm}^{3/2}\,\mathrm{g}^{1/2}\,\mathrm{s}^{-1}$		$\times\ c \cdot 10^{-1} =$	1 Coulomb = 1 As	$= 10^{-1} \times$	$1\ \mathrm{cm}^{1/2}\,\mathrm{g}^{1/2}$	—
Magnet. Fluß . . .	Φ	—	$1\ \mathrm{cm}^{1/2}\,\mathrm{g}^{1/2}$	$\times\ \frac{1}{c}\ 10^{8} =$	1 Weber = 1 Vs	$= 10^{8} \times$	1 Maxwell	$= 1\ \mathrm{cm}^{3/2}\,\mathrm{g}^{1/2}\,\mathrm{s}^{-1}$
Strom	I	$1\ \mathrm{cm}^{3/2}\,\mathrm{g}^{1/2}\,\mathrm{s}^{-2}$		$\times\ c \cdot 10^{-1} =$	**1 Ampere**	$= 10^{-1} \times$	$1\ \mathrm{cm}^{1/2}\,\mathrm{g}^{1/2}\,\mathrm{s}^{-1}$	—
Spannung (el.-mot. Kraft)	U	$1\ \mathrm{cm}^{1/2}\,\mathrm{g}^{1/2}\,\mathrm{s}^{-1}$		$\times\ \frac{1}{c}\ 10^{8} =$	**1 Volt**	$= 10^{8} \times$	$1\ \mathrm{cm}^{3/2}\,\mathrm{g}^{1/2}\,\mathrm{s}^{-2}$	—
Magn.-mot. Kraft	$\oint \mathfrak{H}\, dl$	—	$\left(\frac{1}{4\pi}\right) \mathrm{cm}^{3/2}\,\mathrm{g}^{1/2}\,\mathrm{s}^{-2}$	$\times\ 4\pi c\ 10^{-1} =$	1 Amperewindung	$= 4\pi\ 10^{-1} \times$	1 Gilbert	$= \left(\frac{1}{4\pi}\right) \mathrm{cm}^{1/2}\,\mathrm{g}^{1/2}\,\mathrm{s}^{-1}$
Elektr. Feldstärke	$\mathfrak{E}$	$1\ \mathrm{cm}^{-1/2}\,\mathrm{g}^{1/2}\,\mathrm{s}^{-1}$		$\times\ \frac{1}{c}\ 10^{6} =$	1 Volt/m	$= 10^{6} \times$	$1\ \mathrm{cm}^{1/2}\,\mathrm{g}^{1/2}\,\mathrm{s}^{-2}$	—
Magn. Feldstärke	$\mathfrak{H}$	—	$\left(\frac{1}{4\pi}\right) \mathrm{cm}^{1/2}\,\mathrm{g}^{1/2}\,\mathrm{s}^{-2}$	$\times\ 4\pi c\ 10^{-3} =$	1 Ampere/m	$= 4\pi\ 10^{-3} \times$	1 Oersted	$= \left(\frac{1}{4\pi}\right) \mathrm{cm}^{-1/2}\,\mathrm{g}^{1/2}\,\mathrm{s}^{-1}$
El. Verschiebung .	$\mathfrak{D}$	$\left(\frac{1}{4\pi}\right) \mathrm{cm}^{-1/2}\,\mathrm{g}^{1/2}\,\mathrm{s}^{-1}$		$\times\ 4\pi c\ 10^{-5} =$	1 Coulomb/m²	$= 4\pi\ 10^{-5} \times$	$\left(\frac{1}{4\pi}\right) \mathrm{cm}^{-3/2}\,\mathrm{g}^{1/2}$	—
Magn. Induktion .	$\mathfrak{B}$	—	$1\ \mathrm{cm}^{-3/2}\,\mathrm{g}^{1/2}$	$\times\ \frac{1}{c}\ 10^{4} =$	1 Weber/m²	$= 10^{4} \times$	1 Gauß	$= \mathrm{cm}^{-1/2}\,\mathrm{g}^{1/2}\,\mathrm{s}^{-1}$
Widerstand . . .	R	$1\ \mathrm{cm}^{-1}\,\mathrm{s}$		$\times\ \frac{1}{c^2}\ 10^{9} =$	1 Ohm = 1 VA⁻¹	$= 10^{9} \times$	$1\ \mathrm{cm}\,\mathrm{s}^{-1}$	—
Leitfähigkeit . . .	G	$1\ \mathrm{cm}\,\mathrm{s}^{-1}$		$\times\ c^2\ 10^{-9} =$	1 Siemens = 1 V⁻¹A	$= 10^{-9} \times$	$1\ \mathrm{cm}^{-1}\,\mathrm{s}$	—
Kapazität	C	1 cm		$\times\ c^2\ 10^{-9} =$	1 Farad = 1 V⁻¹As	$= 10^{-9} \times$	$1\ \mathrm{cm}^{-1}\,\mathrm{s}^{2}$	—
Induktivität . . .	L	—	$1\ \mathrm{cm}^{-1}\,\mathrm{s}^{2}$	$\times\ \frac{1}{c^2}\ 10^{9} =$	1 Henry = 1 VA⁻¹s	$= 10^{9} \times$	1 cm	
Dielektr. Koeff. .	ε	$\varepsilon_0 = 1$		$\times\ 4\pi c^2\ 10^{-11} =$	1 Farad/m = (1 dil)	$= 4\pi\ 10^{-11} \times$	$\left(\frac{1}{4\pi}\right) \mathrm{cm}^{-2}\,\mathrm{s}^{2}$	-
Permeab. Koeff. .	μ	—	$(4\pi)\ \mathrm{cm}^{-2}\,\mathrm{s}^{2}$	$\times\ \frac{1}{4\pi}\frac{1}{c^2}\ 10^{7} =$	1 Henry/m = (1 perm)	$= \left(\frac{1}{4\pi}\right) 10^{7} \times$	$\mu_0 = 1$	

[1]) Die neuen »absoluten« Giorgischen VAms-Einheiten wurden, gemäß SUN-, CEC- und IEC-Beschlüssen, auf den genauen Wert $\mu_0 = 4\pi\, 10^{-7} \frac{\mathrm{V\,s}}{\mathrm{A\,m}}$ abgestimmt. Ihr Verhältnis zu den alten »internationalen« elektrotechnischen Einheiten läßt sich errechnen aus:

1 absol. Ampere = 1,0001 intern. Ampere

1 absol. Volt = 0,9996 intern. Volt

Tabelle X.

Umrechnung mechanischer C.G.S.- und technischer kp, m, s-Einheiten in Giorgische M.K.S.-Einheiten.

Physik. Größen	Symbole	Klassische C.G.S.-Einheiten	Umrechnungsfaktoren	Giorgische M.K.S.-Einheiten	Umrechnungsfaktoren	Technische kp, m, s-Einheiten
0	1	2	3	4	5	6
Wirkungsgröße . .	H	$1\,g\,cm^2\,s^{-1}$	$\times\ 10^7 =$	1 Planck = $kg\,m^2\,s^{-1} = J\,s$	$\times\ 9{,}81 =$	1 kp m s
Energie	W	$1\,g\,cm^2\,s^{-2} = 1\,erg$	$\times\ 10^7 =$	**1 Joule** = VAs	$\times\ 9{,}81 =$	1 kp m
Impuls	J	$1\,g\,cm\,s^{-1}$	$\times\ 10^5 =$	1 Leibnitz = $kg\,m\,s^{-1} = J\,m^{-1}\,s$	$\times\ 9{,}81 =$	1 kp s
Kraft	P	$1\,g\,cm\,s^{-2} = 1\,dyn$	$\times\ 10^5 =$	1 Newton[1] = $kg\,m\,s^{-2} = J\,m^{-1}$	$\times\ 9{,}81 =$	**1 kilopond**[2])
Leistung	N	$1\,g\,cm^2\,s^{-3} = 1\,erg\,s^{-1}$	$\times\ 10^7 =$	1 Watt = VA	$\times\ 9{,}81 =$	$1\,kp\,m\,s^{-1}$
Masse	M	**1 Gramm**	$\times\ 10^3 =$	1 Kilogramm	$\times\ 9{,}81 =$	$1\,gal = 1\,kp\,m^{-1}\,s^2$
Trägheitsmoment .	Θ	$1\,g\,cm^2$	$\times\ 10^7 =$	$1\,kg\,m^2 = 1\,J\,s^2$	$\times\ 9{,}81 =$	$1\,kp\,m\,s^2$
Druck	p	$1\,dyn\,cm^{-2} = 10^{-6}\,Bar$	$\times\ 10 =$	$1\,\frac{Newton}{m^2} = 1\,\frac{Joule}{m^3}$	$\times\ 9{,}81 \cdot 10^4 =$	$1\,at = 1\,kp\,cm^{-2}$
Gravit. Konstante .	Γ	$1\,g^{-1}\,cm^3\,s^{-2}$	$\times\ 10^3 =$	$1\,kg^{-1}\,m^3\,s^{-2}$	$\times\ 9{,}81 =$	$1\,(kp\,m^{-4}\,s^4)^{-1}$

[1]) Für die dimensionell-kohärente Krafteinheit des Giorgischen Systems wurde die Benennung 1 Newton von der I.E.C. 1938 international festgelegt; es ist 1 Newton = 1 kg (Masse) $1\,m\,s^{-2}$ (Beschleunigung).

[2]) Für die dimensionell-kohärente Krafteinheit des Technischen Systems wurde die Benennung 1 kilopond (statt 1 kg Gewicht) vom A.E.F. eingeführt; es ist 1 kilopond = 1 kg (Masse) $9{,}81\,m\,s^{-2}$ (Erdbeschleunigung) = 9,81 Newton.

Tabelle XI.

Erweiterung des Giorgischen (M.K.S.)-Maßsystems auf die Wärmelehre.

Physikalische Größen	Symbole	Dimensionen	C.G.S.-Einheiten	Umrechnungsfaktoren	Dimensionell-kohärente M.K.S.-Einheiten	Umrechnungsfaktoren	Technische Einheiten
0	1	2	3	4	5	6	7
Kraft	P	$[WL^{-1}]$	dyn = $g\,cm\,s^{-2}$	$\times\ 10^5 =$	Newton = $kg\,m\,s^{-2}$	$\times\ 9{,}81 =$	Kilopond
Druck	p	$[WL^{-3}]$	bary = $g\,cm^{-1}\,s^{-2}$	$\times\ 10 =$	Giorgi = Newton m^{-2} = Joule m^{-3}	$\times\ 0{,}981 \cdot 10^5 =$ $\times\ 1{,}013 \cdot 10^5 =$	at (1 kp cm^{-2}) Atm (760 mm Hg)
Wärmemenge	W	$[W]$	erg = $g\,cm^2\,s^{-2}$	$\times\ 10^7 =$	{ (Calo) Joule = $kg\,m^2\,s^{-2}$ }	$\times\ 4{,}19 \cdot 10^3 =$	kg Kalorie
Molekulare Temperatur	ϑ_m	$[W]$	} Kelvin° {	$\times\ 0{,}483 \cdot 10^{23} =$	Carnot = (Thermo) Joule/Molekül	$\times\ 2{,}071 \cdot 10^{-23} =$	[3]) } °Celsius
				$\times\ 4{,}83 \cdot 10^{-2} =$	**Clausius = Joule/Q-Mol**[2])	$\times\ 20{,}71 =$	
Molare Temperatur .	ϑ_M	$[W]$		$\times\ 8{,}03 \cdot 10^{-2} =$	oder (Thermo) Joule/g-Mol[1])	$\times\ 12{,}47 =$	
(Molare) Entropie . .	S	$[W^0]$	} $\frac{\text{erg}}{^0\text{K Mol}}$	$\times\ 12{,}47 \cdot 10^7 =$	**1 (reine Zahl)**	$\times\ 3{,}36 \cdot 10^2 =$	$\frac{\text{kg Kalorie}}{^0\text{K Mol}}$
(Molare) spez. Wärme	$c_v,\ c_p$	$[W^0]$					

[1]) 1 Gramm-Mol = $6{,}022 \cdot 10^{23}$ Moleküle = 1 g-Mol.

[2]) 1 Quadrillion-Mol = 10^{24} Moleküle = 1 Q-Mol.

[3]) $2{,}071 \cdot 10^{-23} = \frac{3}{2}\,k$; $20{,}71 = \frac{3}{2}\,k \cdot 10^{24}$; $12{,}47 = \frac{3}{2}\,k \cdot 6{,}022 \cdot 10^{23}$;
wobei $k = 1{,}3807 \cdot 10^{-23}$ (die Boltzmannsche Konstante) als reine Umrechnungszahl auftritt.

Tabelle XII.

Systematik des dimensionell-kohärenten Kalantaroff-Giorgischen Maßsystems.

Kinematik				Raumstrecke	l	$[\boldsymbol{L}]$	[Meter] [1]	Zeitstrecke	t	$[\boldsymbol{T}]$	[Sekunde] [1]
Elektrik				Magnetik				Mechanik und Energetik			
Physik. Größen	Symbole	Kalantaroff-Dimensionen	Giorgi-Einheiten	Physik. Größen	Symbole	Kalantaroff-Dimensionen	Giorgi-Einheiten	Physik. Größen	Symbole	Kalantaroff-Dimensionen	Giorgi-Einheiten
0	1	2	3	4	5	6	7	8	9	10	11
Elektrizit.-Menge	Q	$[\boldsymbol{Q}]$	As Coulomb	Magn. Fluß . .	Φ	$[\boldsymbol{\Phi}]$	Vs Weber	Wirkungsgröße	H	$[Q\Phi] = [\boldsymbol{H}]$	Js (Planck)
Elektr. Strom . .	I	$[Q T^{-1}]$	**Ampere**	Spannung . . .	U	$[\Phi T^{-1}]$	**Volt**	Energie	W	$[Q \Phi T^{-1}]$	AVs **Joule**
Gradient der Elektr.-Menge	—	$[Q L^{-1}]$	$\mathrm{As\,m^{-1}}$	Gradient des magn. Flusses	—	$[\Phi L^{-1}]$	$\mathrm{Vs\,m^{-1}}$	Impuls	J	$[Q \Phi L^{-1}]$	$\mathrm{Js\,m^{-1}}$ (Leibnitz)
Stromänderung .	—	$[Q T^{-2}]$	$\mathrm{As^{-1}}$	Spanngs.-Änderg.	—	$[\Phi T^{-2}]$	$\mathrm{Vs^{-1}}$	Leistung . . .	N	$[Q \Phi T^{-2}]$	$\mathrm{Js^{-1}}$ Watt
Elektr. Verschiebg.	$\mathfrak{D}$	$[Q L^{-2}]$	$\mathrm{As\,m^{-2}}$	Magn. Induktion	$\mathfrak{B}$	$[\Phi L^{-2}]$	$\mathrm{Vs\,m^{-2}}$	—	—	—	—
Magn. Feldstärke	$\mathfrak{H}$	$[Q T^{-1} L^{-1}]$	$\mathrm{A\,m^{-1}}$	Elektr. Feldst.	$\mathfrak{E}$	$[\Phi T^{-1} L^{-1}]$	$\mathrm{V\,m^{-1}}$	Kraft	P	$[Q \Phi T^{-1} L^{-1}]$	$\mathrm{J\,m^{-1}}$ Newton
—	—	—	—	—	—	—	—	Druck	p	$[Q \Phi T^{-1} L^{-3}]$	$\mathrm{J\,m^{-3}}$ (Giorgi)
—	—	—	—	—	—	—	—	Masse	M	$[Q \Phi T L^{-2}]$	$\mathrm{Js^2\,m^{-2}}$ [Kilogramm]
Leitfähigkeit . .	G	$[Q \Phi^{-1}]$	$\mathrm{AV^{-1}}$ Siemens	Widerstand . .	R	$[\Phi Q^{-1}]$	$\mathrm{VA^{-1}}$ [Ohm]				
								Thermik			
Kapazität	C	$[Q \Phi^{-1} T]$	$\mathrm{AV^{-1}\,s}$ Farad	Induktivität . .	L	$[\Phi Q^{-1} T]$	$\mathrm{VA^{-1}\,s}$ Henry	Molekulare Temp.	ϑ_m	$[Q \Phi T^{-1}]$	J/Molekülzahl (= Carnot)
Dielektr. Koeffiz.	ε	$[Q \Phi^{-1} T L^{-1}]$	$\mathrm{AV^{-1}\,s\,m^{-1}}$ (dil)	Permeab. Koeff.	μ	$[\Phi Q^{-1} T L^{-1}]$	$\mathrm{VA^{-1}\,s\,m^{-1}}$ (perm)	Molare Temperat.	ϑ_M	$[Q \Phi T^{-1}]$	J/Molzahl (Clausius = J/Q-Mol)
—	—	—	—	—	—	—	—	Entropie / spez. Wärme	$\boldsymbol{S}$ / c_v, c_p	$[W^0]$	1 (reine Zahl)

[1]) Fettdruck bedeutet **Grunddimensionen** bzw. **Grundeinheiten,** Einrahmung [Ureichmaße].

Neue Einheiten: 1 Newton $= 1\ \mathrm{Jm^{-1}} = 1$ pentadyn (10^5 dyn) $= 1\ \mathrm{kg\,m\,s^{-2}} = 1/9{,}81$ kilopond.
1 Giorgi $= 1$ Newton $\mathrm{m^{-2}} = 1\ \mathrm{Jm^{-3}} = 1{,}02 \cdot 10^{-5}$ at (kilopond-cm^{-2}) $= 0{,}987 \cdot 10^{-5}$ Atm (760 mmHg) $= 10^{-5}$ peg.
1 Carnot $= 1$ (Thermo) Joule/1 Molekül $= 0{,}483 \cdot 10^{23}$ °Celsius (°Kelvin).
1 Clausius $= 1$ (Thermo) Joule/10^{24} Moleküle $= 4{,}83 \cdot 10^{-2}$ °Celsius (°Kelvin).

Tabelle XIII.

Photometrische Einheiten.

(Außerhalb des Kalantaroff-Giorgischen D-Systems bleibend.)

Photometrische Größen	Symbole	Definitionen	Hefner-, internationale bzw. neue normale Einheiten		Energetische Dimensionen	Entsprechende M.K.S.O.-Einheiten
0	1	2	3	4	5	6
Lichtmenge	$Q = \int \Phi \, dt$	Lichtstrom · Zeit	lm h	Lumenstunde	$[W]$	Joule
Lichtstrom	$\Phi = 4 \pi I_0$	Sichtbare Lichtleistung (physiol. bewertet)	lm	**Lumen** (entspr. 4 π-Kerzen)	$[W T^{-1}]$	Watt (bei $\lambda = 555 \, m\mu$ ist 1 Watt 694 lumen)
Lichtstärke	$I = \frac{d\Phi}{d\omega}$	$\frac{\text{Lichtstrom}}{\text{Raumwinkeleinheit}}$	IK NK HK	Internationale neue (normale) } Kerze Hefner-	$[W T^{-1} : L^0]$	Watt
Beleuchtungsstärke	$E = \frac{d\Phi}{dF}$	Lichtstromdichte der Einstrahlung	lx ph	**Lux** $= \frac{\text{lm}}{\text{m}^2}$ Phot $= \frac{\text{lm}}{\text{cm}^2} = 10^4$ lx	$[W T^{-1} L^{-2}]$	$\frac{\text{Watt}}{\text{m}^2}$
Leuchtdichte	$B = \frac{dI}{dF \cdot \cos \varepsilon}$	Lichtstärkendichte der Ausstrahlung	sb asb (lb)	Stilb $= \frac{\text{K}}{\text{cm}^2}$ Apostilb $= \frac{1}{\pi \, 10^4}$ sb Lambert $= \frac{1}{\pi}$ sb	$[W T^{-1} L^{-2} : L^0]$	$\frac{\text{Watt}}{\text{m}^2}$
Belichtung	$L = \int E \, dt$	Beleuchtungs-stärke · Zeit	lxs	Luxsekunde	$[W L^{-2}]$	$\frac{\text{Joule}}{\text{m}^2}$

www.ingramcontent.com/pod-product-compliance
Lightning Source LLC
Chambersburg PA
CBHW070241230326
41458CB00100B/5735
* 9 7 8 3 4 8 6 7 7 4 3 3 7 *